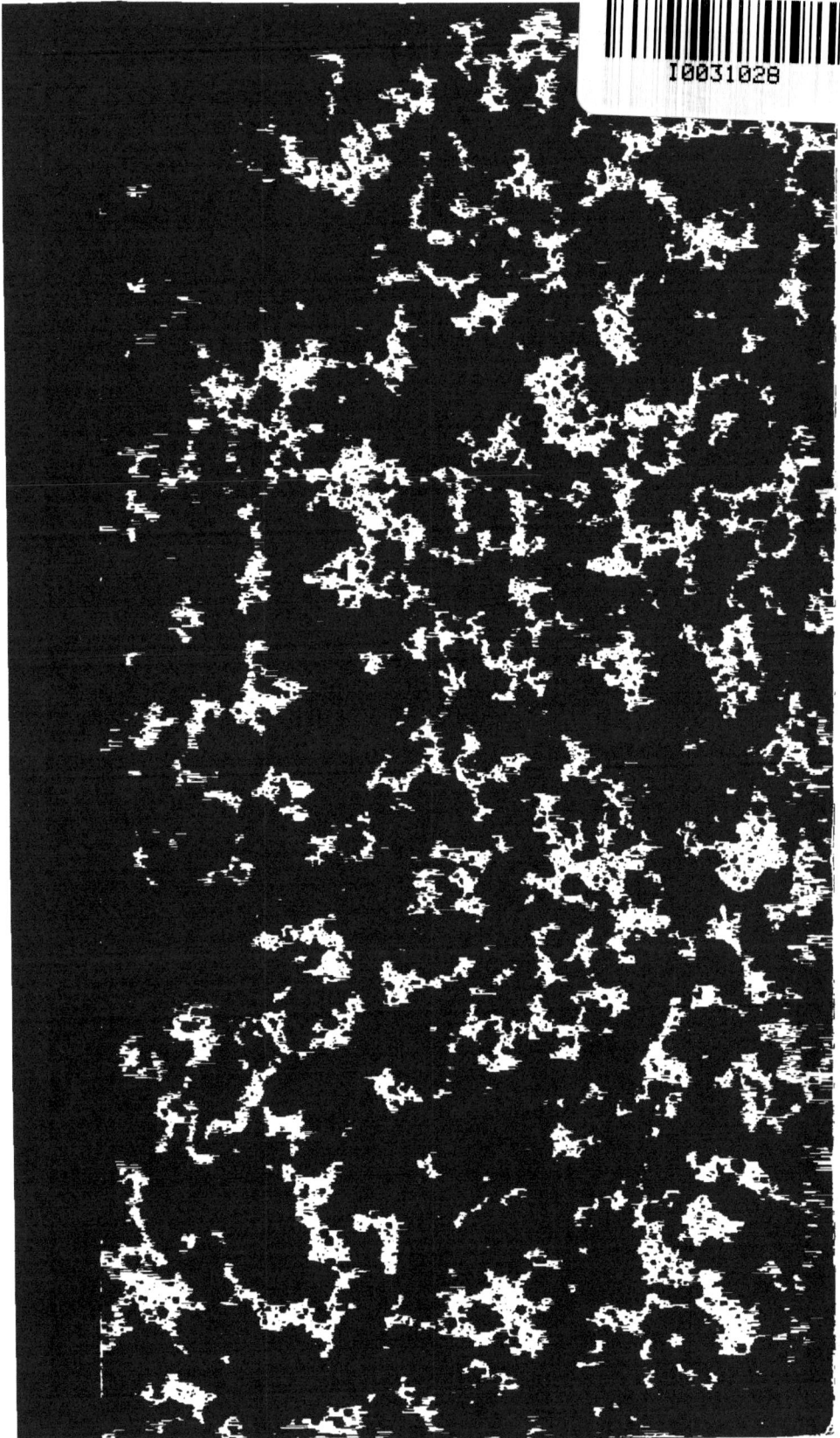

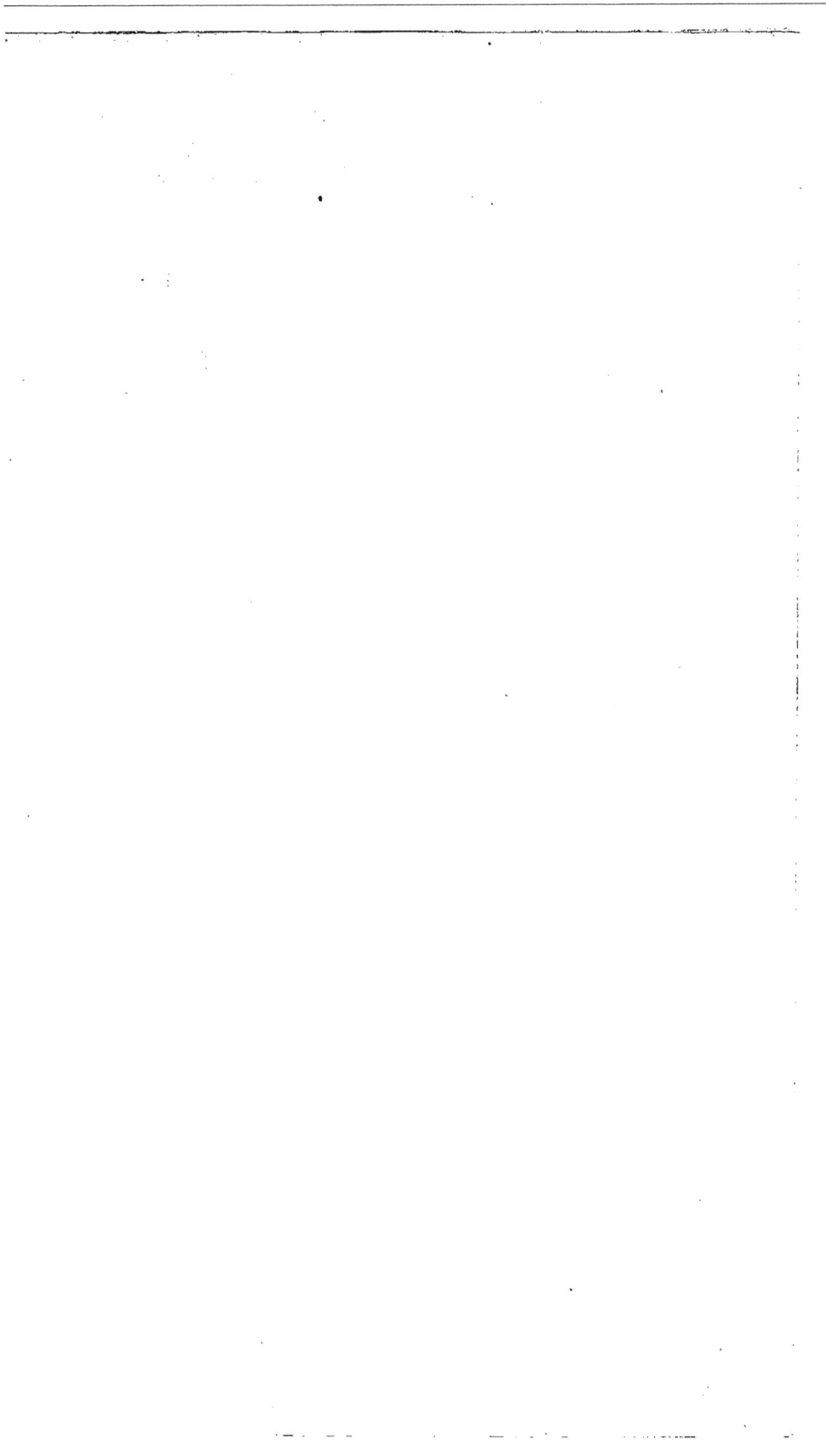

MÉMOIRE

SUR

L'EXPLOITATION DES MINES

DES COMTÉS DE CORNWALL

ET DE DEVON.

PAR M. COMBES,
Ingénieur des mines.

(Extrait des *Annales des Mines, IIIᵉ. Série, tome V.*)

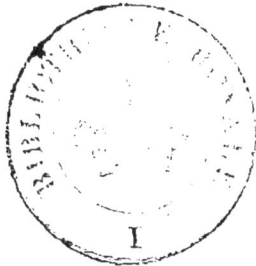

I

A PARIS,

CHEZ CARILIAN-GOEURY, LIBRAIRE

DES CORPS ROYAUX DES PONTS ET CHAUSSÉES ET DES MINES,

QUAI DES AUGUSTINS, Nº. 41.

1834.

PARIS. — IMPRIMERIE ET FONDERIE DE FAIN,

RUE RACINE, r. 4, PLACE DE L'ODÉON.

MÉMOIRE

Sur l'exploitation des mines des comtés de Cornwall et de Devon.

Par M. COMBES, ingénieur des mines.

Introduction.

Nous renverrons pour la description géognostique de la contrée, et les principales circonstances du gisement des filons métalliques exploités dans les comtés de Cornwall et de Devon, au mémoire de MM. Dufrénoy et Elie de Beaumont, inséré dans les *Annales des Mines*, *tome* IX, *page* 827, aux nombreux écrits publiés dans divers recueils scientifiques anglais, et à l'ouvrage étendu de M. le D. Boase de Penzance.

Le but de ce mémoire étant de faire connaître, dans ses diverses branches, l'exploitation telle qu'elle est pratiquée aujourd'hui dans les riches mines de ce pays, nous le diviserons en trois parties. La première sera consacrée à l'exposition des méthodes suivies par les exploitans (*adventurers*) dans la recherche de nouveaux filons ; la poursuite de filons connus et exploités dans des parties encore inexplorées; la reprise d'anciennes mines abandonnées. Dans la seconde, nous ferons connaître la partie administrative et commerciale ou *partie économique*. La troisième aura pour but l'exposition détaillée des procédés d'exploitation, d'épuisement, etc., ce sera la partie *technique*.

Division de ce mémoire.

Avant d'entrer en matière, nous sentons le besoin de témoigner notre reconnaissance à M. John Taylor, qui a bien voulu nous introduire dans les beaux établissemens qu'il administre avec un succès si remarquable, à MM. Carne et Boase de Penzance, et Robert Fox de Falmouth, qui nous ont aidé de leurs conseils, de leurs communications obligeantes, auxquelles un accueil aimable et cordial donnait un nouveau prix; enfin, à MM. les capitaines et agens des mines que nous avons visitées. La complaisance de ces derniers pour nous a été sans limites, ainsi que la libéralité avec laquelle ils nous ont fourni les documens qui nous étaient nécessaires. Nous ne pouvons assez dire à quel point nous leur sommes redevables.

§ Iᵉʳ. PREMIÈRE PARTIE.

Ancienneté des exploitations de cuivre et d'étain.

1. La découverte et l'exploitation des minerais d'étain dans le Cornwall remonte à une époque excessivement reculée, tandis que celle des minerais de cuivre est assez récente. (*Mémoires* de M. J. Carne et John Hawkins, insérés dans les *Transactions de la société géologique de Cornwall*, vol. III. *Voyez* aussi l'extrait de l'ouvrage de Pryce, *Mineralogia Cornubiensis*, *Journal des Mines*, tome I.)

Les minerais d'étain d'alluvion furent sans doute découverts les premiers : les affleuremens des filons, remarquables par une grande quantité de fer oxidé brun, mêlé de quartz, auquel les mineurs du Cornwall donnent le nom de « *gossan* », furent vraisemblablement ensuite l'objet de recherches qui firent reconnaître l'existence de l'oxide d'étain en filons; car ce minerai s'est trouvé quelquefois tout-à-fait à la surface. Il paraît que, dans plusieurs localités, le *gossan* a été bocardé pour en retirer l'oxide d'étain qui y était disséminé. Aujourd'hui cette matière est généralement trop pauvre pour que cette opération puisse être pratiquée avec avantage. On a repris, il y a deux ans, la mine d'étain de Charlestown, sur un filon qui avait été autrefois exploité sur les affleuremens jusqu'à une profondeur d'environ trente fathoms: on voit encore les anciennes excavations qui sont très considérables, et dont une des parois est le mélange de fer oxidé brun et de quartz, appelé *gossan*, de sorte que la partie du filon, riche en étain, devait lui être contiguë.

Le gossan arrive jusqu'au niveau des anciens travaux. Là l'oxide de fer est plus rare qu'à la surface et disséminé en veinules dans le filon. Un peu plus bas il disparaît tout-à-fait, et les travaux neufs ont prouvé qu'il était remplacé par de l'oxide d'étain non mélangé de pyrites, qui, après avoir été lavé sans grillage préalable, peut être rendu comme le minerai d'alluvion *gramtin*. Cette exploitation d'étain, située tout près de Saint-Austle, promet de devenir une des plus importantes de la contrée. (Nous devons ces renseignemens à M. le capitaine Barratt.)

2. Les minerais de cuivre, au contraire, n'ont été trouvés, près de la surface dans les affleuremens des filons, que dans très peu de cas et toujours en quantité peu considérable : c'est sans doute l'exploitation des filons, comme mines d'étain, qui a conduit dans le principe à la découverte des minerais de cuivre qui se trouvent fréquemment dans le même filon à une plus grande

profondeur, et qui deviennent à leur tour plus abondans que l'étain. Quoi qu'il en soit, il paraît que ce n'est que vers la fin du 17ᵉ. siècle que les filons du Cornwall commencèrent à être exploités comme mines de cuivre, et leur produit fut moyennement de six mille tonnes de minerai par an, de 1726 à 1735, d'après Pryce, cité par M. Carné (vol. III des *Transactions de la société géologique de Cornwall*). Long-temps après cette époque, le riche minerai de cuivre oxidé noir (*black coperore*), était abandonné ou rejeté comme inutile par les mineurs. Il en était encore ainsi à la mine de Huel Jewel, il n'y a pas plus de cinquante ans. (*Id., ibid.*)

Méthode générale de recherches. 3. Aujourd'hui le mode général de recherche pour de nouveaux filons consiste à pousser des bouts de galerie à travers bancs, à droite et à gauche d'un filon déjà exploité. Ordinairement un filon principal n'est pas isolé; non-seulement des filons plus petits, après avoir couru sur une distance plus ou moins grande dans des directions parallèles, viennent se brancher sur lui: mais encore il existe souvent d'un ou des deux côtés des filons latéraux séparés, *side lodes*. Leur existence est quelquefois connue par des affleuremens ou d'anciens travaux; mais, qu'il en soit ainsi ou non, on pousse généralement des galeries de recherche au nord et au sud d'un filon dont la direction est de l'est à l'ouest. On a ainsi découvert plusieurs veines parallèles dont la richesse a fourni aux exploitans un ample dédommagement de leurs premières dépenses.

4. Une veine reconnue et exploitée est fréquemment coupée et rejetée par un filon croiseur *cross course, fluckan course, slide.* (*Voir le mémoire*

déjà cité de MM. Dufrénoy et Élie de Beaumont). Le filon rejeté l'est généralement du côté de l'angle obtus, comme cela a lieu en Saxe et dans presque tous les pays à filons.

Les difficultés graves que ce genre d'accidens présentait autrefois aux mineurs, n'existent plus aujourd'hui, grâce aux notions fournies par le grand nombre d'exploitations ouvertes. Si le mineur n'est pas éclairé par quelque circonstance particulière au cas qui se présente, les précédens analogues, qu'il trouve dans les mines du voisinage, suffisent pour le diriger avec assez de précision dans ses recherches.

M. Robert Fox, dans un mémoire sur l'électromagnétisme des filons, lu à la société royale en juin 1830, rapporte un cas de croisement de filons observé à Dolcoath par le capitaine Petherick, qui présenterait une circonstance bien singulière et tout-à-fait inusitée. Il existe dans cette mine deux filons de cuivre, appelés *Caunterlode* et *Harriet slode.* Celui-ci est coupé par le premier à différens niveaux, tandis qu'il coupe à son tour et rejette le *Caunterlode* à une profondeur plus considérable. M. Fox cite ce fait comme inconciliable avec le principe fondamental de la théorie des filons de Werner. Malgré le degré de confiance que mérite l'assertion d'un savant aussi distingué, nous avouons qu'un exemple unique ne nous paraît pas pouvoir être opposé à une multitude d'observations contraires qui abondent en Cornwall aussi bien que dans les autres pays de mines. Nous sommes donc portés à croire qu'il y a ici une erreur d'observations, qui a pu être commise d'autant plus facilement, que les deux filons sont de même nature (*copperlodes*), et que dans les niveaux supérieurs, le *Harrietslode* n'est pas rejeté par le *Caunterlode*. On avait aussi opposé à la théorie de Werner la non continuité des filons de plomb du Derbyshire à travers le *Toadstone*, tandis qu'il paraît bien positif, d'après les communications faites par M. John Taylor à la dernière réunion de l'association britannique, que les filons se continuent toujours dans cette roche et qu'ils y deviennent seulement stériles, ce qui avait fait croire qu'ils étaient interrompus. (*Voyez le mémoire sur les mines de plomb du Cumberland et du Derbyshire. Annales des Mines, tome* XII, *page* 339.)

5. Les variations fréquentes de richesse dans un même filon, et notre ignorance sur les causes qui les produisent ou les accompagnent, constituent peut-être la difficulté la plus grave qui se présente dans l'exploitation des mines. L'idée naturelle qu'un filon qui a été productif sur une certaine étendue, le sera encore sur d'autres points, a fait quelquefois dépenser des sommes énormes en recherches inutiles.

M. Carne(*on some improvements on mining, vol.* III *des Transactions de la société géologique de Cornwall*) cite plusieurs exemples de ce genre. A Huel Ann, 30,000 livres sterling (750,000 fr.), furent dépensées pour explorer en vain le filon qui avait été riche à Huel Alfred. Des pertes analogues ont été le seul résultat des recherches faites à Tregajorran et Barncoose, sur le filon qui avait été productif à Cook'skitchen et Tincroft ; à East Towan, et dans d'autres mines plus à l'est, on perdit beaucoup d'argent à suivre un filon qu'on croyait être le prolongement de celui exploité à Huel Towan. D'un autre côté, les *Consolidated mines, Poldice, Huel, Vor*, etc., of-

frent d'heureux exemples de découvertes faites
par des galeries transversales poussées des deux
côtés du filon principal sur des filons parallèles
inconnus, ou du moins inexploités par les mineurs
des époques antérieures.

6. On a reconnu depuis long-temps l'influence
du changement de nature de la roche encaissante
sur la richesse des filons ; ainsi, généralement,
les filons productifs dans le killas deviennent stériles dans le granite, et réciproquement : on connaît beaucoup d'exemples de filons très productifs
et très riches dans le killas, tandis que dans
d'autres cas, à la mine de Herland, par exemple,
les filons productifs dans le killas deviennent stériles dans l'Elvan. La masse même des filons
change avec la roche encaissante, et l'on remarque
que leurs parties constituantes, quoique distinctes
par leurs caractères de celles des parois, sont
généralement en partie de même nature que
celles-ci.

7. Le fait précédent, cité par M. Robert Fox,
dans son mémoire sur les propriétés électro-magnétiques des filons, comme contraire aux théo-
ries admises sur l'origine des filons, nous paraît
cependant un des plus favorables à celle de Werner. En effet, les fissures ou fentes ont dû primi-
tivement se remplir des débris de la roche, et
ce sont même ces débris qui ont empêché le rapprochement immédiat des parois. Ces fragmens,
mouillés par les liquides découlant des masses de
rochers ou injectés à différens niveaux qui ont
achevé de remplir les cavités, ont été altérés
plus ou moins profondément par l'effet des réac-
tions électro-chimiques que les belles expériences
de M. Becquerel ont reproduit dans nos labora-

toires. Les fragmens les plus gros et les plus durs
sont seuls restés intacts et conservent encore aujourd'hui tous les caractères qui les font reconnaître comme provenant de la roche encaissante.
Les autres, remplis de cristaux qui ont pénétré
dans leurs moindres cavités par les effets de la
capillarité, ne sont plus reconnaissables comme
fragmens, et conservent encore, avec la roche encaissante, une ressemblance générale et une analogie incomplète dans la nature des principes
constituans. Des phénomènes analogues se passent encore aujourd'hui dans le sein de la
terre. Ainsi, en pénétrant dans les anciens
travaux du filon de Saint-Jacques à Sainte-
Marie-aux-Mines, nous trouvâmes, M. Voltz et
moi, les débris de roches abandonnés dans la
mine couverts et pénétrés d'arséniate de chaux
en belles aiguilles blanches. Cet arséniate prove-
nait de la réaction de l'arsenic natif et des pyrites arsénicales sur le carbonate de chaux, favorisée
par l'humidité de l'air et peut-être par l'état uni-
forme de la température. Les fragmens ainsi recouverts étaient profondément altérés ; de durs
ils étaient devenus tendres et friables. La couleur
n'était plus et ne pouvait plus être la même que
quand ils étaient en place. Les fragmens de quartz
même avaient été altérés ; enfin ils ne conservaient
plus qu'une analogie très incomplète avec les roches de même nature encore en place dans le voisinage.

8. L'enrichissement ou l'appauvrissement des
filons en Cornwall paraît suivre aussi bien une
simple modification dans la roche encaissante
qu'un changement complet dans la nature de
cette roche. Ainsi, d'après M. Carne, quand la

roche devient plus dure ou plus tendre, plus schisteuse ou plus compacte, quand les bancs changent de direction ou simplement de couleur, les filons deviennent plus étroits ou plus puissans, plus durs ou plus tendres, la nature de leurs parties constituantes varie; enfin, un changement de richesse accompagne ordinairement les autres modifications énoncées. Dans une partie de la paroisse de Gwennap, il existe un banc de killas rougeâtre dont l'inclinaison est très considérable. Les filons de cuivre traversent régulièrement ce banc, et y sont constamment improductifs : ils reprennent leur richesse en entrant dans le killas ordinaire : on a trouvé de l'étain dans le banc dont nous parlons, mais non en grande quantité. A Godolphin, les filons étaient riches dans le killas bleu clair et pauvres dans celui de couleur foncée. A Poldice et Huel Fortune, les filons perdent leur richesse dans un banc de killas dur de couleur bleue. A Huel Squire, les filons de cuivre étaient très riches dans le killas tendre d'une couleur bleu clair; mais un banc de killas dur de couleur foncée est traversé par l'un des filons à 44 fathoms, et par l'autre à 120 fathoms de profondeur. Tous deux se sont appauvris dans ce banc. A la mine de Penstruthal, les recherches sur les filons improductives dans le granite dur ont été couronnées de succès dans le granite tendre, et cette mine était, en 1824, la plus productive du pays. En général, la pyrite de cuivre est plus abondante dans le killas d'un bleu clair et tendre. Dans celui qui est dur et d'une couleur foncée, la pyrite de fer domine. Les filons, soit de cuivre, soit d'étain, s'appauvrissent aussi généralement quand le kil-

las devient très feuillcté, sans que la dureté
change.

Il résulte de ce qui précède que les parties riches des filons parallèles doivent être disposées
sur des lignes parallèles à la direction générale
des bancs de killas ou de granite qui les renferment; c'est en effet ce que l'on observe dans les
paroisses de Gwennap, Saint-Just et Saint-Agnès
en Cornwall.

Les détails que nous venons de donner (d'après
M. Carne) nous paraissent très importans pour
les mineurs, dont ils seraient propres à éclairer
les recherches s'ils étaient généralement vérifiés.
D'un autre côté, les relations entre la nature des
filons et celle de leurs parois nous semblent l'un
des phénomènes les plus importans à considérer
dans les recherches sur l'origine des filons, et doivent fixer à ce titre l'attention des géologues et
des chimistes. Les faits cités ne sont d'ailleurs
point incompatibles avec le principe fondamental
de la théorie de Werner.

Expériences de M. Fox, sur les propriétés électro-magnétiques des filons. 9. Nous terminerons cette première partie de
notre mémoire par une analyse succincte des ex-
périences faites, en 1830, par M. Robert Fox, sur
les propriétés électro-magnétiques des filons.

M. Fox s'est servi d'un galvanomètre formé
d'une simple aiguille aimantée renfermée dans
une boîte carrée de 4 pouces de côté, et d'un
pouce de profondeur, autour de laquelle un fil de
cuivre, entouré de soie, était enroulé vingt-cinq
fois.

Deux petits disques minces en cuivre, appli-
qués contre des massifs de minerai situés à une
distance plus ou moins grande dans le même
filon ou dans des filons différens, étaient mis

respectivement en communication avec les deux extrémités opposées du fil du galvanomètre au moyen de fils de cuivre tendus dans les puits ou galeries. Ces fils avaient $\frac{1}{20}$ de pouce de diamètre, et furent d'abord enduits par M. Fox avec de la cire à cacheter. Plus tard cette précaution fut reconnue inutile. Le contact des disques de cuivre avec le minerai était maintenu par des clous de cuivre ou par des étançons mis en travers de la galerie. Dans quelques cas, la longueur des fils employés pour réunir les disques au galvanomètre fut de plus de 300 fathoms.

Les effets sur l'aiguille du galvanomètre furent très différens suivant les circonstances. Il n'y avait point d'action sensible sur elle lorsque les deux disques étaient placés sur une même ligne horizontale à une petite distance l'un de l'autre, et que le minerai formait entre les deux stations une ligne non interrompue par des substances non conductrices ou par les travaux de la mine. Mais lorsque, dans les mêmes circonstances, un filon croiseur de quartz ou d'argile interrompait la continuité du minerai entre les deux disques, l'aiguille était en général fortement déviée.

La déviation était la plus grande lorsque les disques étaient placés dans le même filon à des niveaux différens, ou dans des filons différens au même niveau ou autrement. Des filons presque stériles qui n'exerçaient aucune action sur l'aiguille aimantée, pris isolément, la déviaient, quoique faiblement, quand ils étaient réunis par les fils de cuivre.

Voici les résultats généraux indiqués par l'auteur :

1°. Dans un même filon dirigé de l'est à

l'ouest, la direction du courant électro-magné-
tique était plus ordinairement de l'est à l'ouest
quand le filon plongeait vers le nord, et de l'ouest
quand le filon plongeait vers le sud. Cette différence, dans le sens de la direction des courans,
paraît remarquable lorsqu'on la rapproche de
cette autre circonstance fréquemment observée,
savoir, que lorsque deux filons métallifères viennent à se couper, les environs du point de croisement sont riches en minerai ou en sont dé-
pourvus, suivant que les deux filons qui se coupent
ont une inclinaison commune vers le nord ou le
sud, ou bien qu'ils sont inclinés diversement l'un
vers le nord, l'autre vers le sud.

2°. Dans un même filon, le courant s'établit
généralement des stations plus élevées vers celles
qui sont à un niveau plus bas. Le contraire a lieu,
c'est-à-dire que le courant se dirige de bas en
haut, lorsqu'un croiseur de quartz ou d'argile in-
terrompt la continuité du filon entre les deux
stations. M. Fox explique cette dernière anoma-
lie à la règle générale, en observant qu'il est possible qu'il y ait accumulation des deux électricités
contraires sur les parois opposées du filon croiseur
qui n'est pas conducteur.

3°. Quand on compare deux filons différens et
parallèles entre eux, le courant paraît s'établir
du nord au sud plus généralement, quoique dans
quelques cas l'inverse ait lieu.

4°. A la mine de Huel Jewel, il s'établit un
courant entre un disque placé à la surface du sol
sur un monceau de minerai extrait et un autre
disque appliqué dans le filon à différens niveaux.
Le disque supérieur était positif par rapport à
l'inférieur, et l'aiguille était d'autant plus déviée

que l'on augmentait davantage la distance verticale des disques.

On n'obtint, ainsi qu'on devait s'y attendre, aucune réaction entre deux monceaux de minerai de cuivre placés à la surface.

Les résultats précédens sont sujets à des anomalies qui peuvent provenir soit de filons croiseurs, soit de l'inégale répartition du minerai dans les différentes parties du filon qui se trouvent au même niveau. (*Voyez*, pour plus de détails, et pour les inductions tirées par M. Fox de l'existence des courans électro-magnétiques, son mémoire imprimé dans les Transactions philosophiques pour 1830, pages 399 à 414.)

Les expériences de M. Fox ne se sont pas bornées aux filons du Cornwall. Celles qu'il a faites dans les mines de plomb de Lagylass et Frongoch, dans le Cardiganshire, et de South-Mold et Miller, dans le Flintshire, ont été publiées dans le *IV*e. *volume* des Transactions de la société géologique de Cornwall.

Les deux premières mines sont exploitées dans un schiste argileux (clay slate). La direction du filon exploité dans chacune d'elles est à peu près est et ouest; ils sont inclinés vers le sud en formant un angle d'environ 40° avec la verticale. Ces filons sont remarquables, parce que tous deux s'élargissent dans la profondeur.

À Lagylass, des portions du filon distantes de 15 fathoms, et situées au fond de la mine à 60 fathoms environ au-dessous du sol, furent réunies par les fils de cuivre. L'aiguille du galvanomètre interposée fut déviée de 5° dans un sens indiquant un courant dirigé de l'ouest à l'est.

À Frongoch, la même expérience fut faite à

une profondeur d'environ 20 fathoms. Les plaques de cuivre étant placées à une distance de 10
fathoms l'une de l'autre, l'aiguille fut déviée
de 17°; le courant était aussi dirigé de l'ouest à
l'est. La station la plus orientale ayant été réunie
à un autre point situé 28 fathoms plus à l'est, la
première devint positive par rapport à la seconde,
l'aiguille étant déviée d'environ 3 degrés.

Le riche filon de plomb de South-Mold, en
Flintshire, est contenu dans un calcaire à couches horizontales ; sa direction est du Nord-Ouest
au Sud-Est, son inclinaison d'environ 40° vers le
Nord-Est. M. Fox choisit pour son expérience
deux parties du filon très riches en minerai et séparées l'une de l'autre par un filon croiseur.
Néanmoins il n'obtint aucun indice de courant
électrique. Il obtint un résultat également néga-
tif à la mine de Miller, soit qu'il réunit des points
pris sur deux filons parallèles séparés par une
distance de 15 fathoms, soit qu'il réunit deux
points d'un même filon. La mine de plomb de
Miller est la plus riche du pays de Galles. M. Fox
remarque que dans des mines du comté de Cor-
nouailles, d'une richesse égale à celle du Flintshire,
soit en minerai de cuivre, soit en minerai de
plomb, l'aiguille du galvanomètre était considé-
rablement déviée. Cette différence dans les résultats dépendrait-elle de la nature de la roche encaissante? C'est ce qu'il n'ose encore décider. Il croit
que, dans le Flintshire, les filons ne sont productifs que dans un ou deux lits de calcaire à peu
près horizontaux.

M. Henwood a fait dans les filons de cuivre de
Wheal-Friendship, et de plomb de Wheal-Bét-
sey, situés près de Tavistock en Devonshire, des

expériences pour rechercher l'existence des courans électro-magnétiques. Dans le filon de Wheal-Friendship, dirigé de l'Est à l'Ouest, et inclinant de 40° vers le Nord, il a obtenu des résultats très marqués, le courant étant de l'Est à l'Ouest. Dans le filon de plomb de Huel-Betsey, dirigé du Nord-Ouest au Sud-Est, et incliné vers le Sud-Ouest, l'aiguille n'a point été déviée, vraisemblablement parce que le minerai de plomb qui était contenu entre les deux stations était un conducteur à peu près aussi bon de l'électricité que les fils de cuivre.

Des expériences semblables ont été faites par le capitaine Pétherick, à la mine de cuivre de Connorrée, dans le comté de Wicklow, en Irlande. Il paraît qu'ici les veines de minerai seraient interstratifiées avec les couches de schiste argileux qui les renferment. Les minerais sont principalement du cuivre gris (gray copper ore) avec quelques pyrites de fer et une petite quantité de pyrite de cuivre. Le galvanomètre a indiqué l'existence d'un courant dirigé de l'Est à l'Ouest. (*Philosophical Magazine*, july 1833.)

Le même numéro de ce recueil contient aussi une expérience faite par M. John Bennets, à la mine de Huel-Vyvian, près Helston, en Cornwall. Le galvanomètre indiqua, comme dans les expériences de M. Fox, que les parties inférieures étaient négatives par rapport aux parties supérieures du filon.

M. A. de Strombeck a cherché à constater l'existence des courans électro-magnétiques signalés par M. Fox dans les mines de plomb de Werlau et de Holzappel. Les détails des expériences dont il avait été chargé par le conseil supérieur des

Expériences faites à Werlau et Holzappel.

mines de Bonn sont consignés dans le journal de M. Karsten, *Archiv für Mineralogie*, *Bergbau und Hüttenkunde*, vol. 6, an 1833, p. 431. Elles ont été faites sur un même filon de plomb, l'un des plus considérables que l'on connaisse, puisqu'il s'étend depuis Peterswald, près de Zell sur la Moselle, jusqu'à Obernhofen et Holzappel sur la Lahne. Les mines de Werlau, près de Saint-Goar, sont sur ce filon comme celles de Holzappel.

M. de Strombeck a pris beaucoup de précautions pour éviter l'action des liquides qui mouillent les parois des galeries; il a soutenu les fils conducteurs dans leur trajet, en les faisant passer dans des tubes en verre posés sur des appuis placés de distance en distance, afin qu'ils ne fussent en aucun point du trajet mouillés par ces liquides. Pour établir le contact entre les extrémités de ces fils et la roche, il a fait percer dans celle-ci des trous de fleuret de 2 à 3 pouces de profondeur dans un endroit bien sec, et, après les avoir parfaitement nettoyés, il les a fermés par un bouchon de liége, à travers lequel il a fait passer le fil qu'il a enfoncé dans le trou, sur une longueur telle qu'il se repliât de 15 à 50 fois sur lui-même. Enfin la communication entre les deux fils conducteurs, mis en contact avec les parois et le fil enveloppé de soie, enroulé 50 fois autour de la boîte du galvanomètre, était établie en plongeant à la fois la seconde extrémité du fil mis en contact avec la roche et le bout du fil du galvanomètre dans une capsule en verre contenant du mercure. Une capsule semblable était fixée, à cet effet, de chaque côté de la boîte du galvanomètre. Les résultats des expériences de M. de Strombeck ont été constamment négatifs, et l'aiguille du galvanomètre est restée stationnaire, quoique, dans certains cas, les parties du filon contre lesquelles les extrémités des deux fils conducteurs étaient appliquées fussent séparées par des filons croiseurs stériles, et que la distance verticale de ces deux points fût de 14 toises (*lachters*).

Il nous paraît fort désirable que des expériences analogues soient faites sur plusieurs points, et même qu'elles soient répétées dans les lieux où elles ont été faites pour la première fois, pour que l'existence du phénomène signalé soit mise hors de doute. Ce serait un objet du plus haut intérêt, non-seulement pour la science, mais même pour la pratique de l'art des mines.

§ II. Partie économique.

10. La propriété souterraine n'étant pas généralement distincte en Angleterre de celle de la surface (1), les mines sont exploitées par une seule personne ou plusieurs réunies en société, qui passent un acte avec le propriétaire du sol. Dans le vocabulaire du pays, celui-ci est appelé *lord*, ceux qui contractent avec lui sont appelés *adventurers*, dénomination justifiée par les risques auxquels

---

(1) Quelques mines d'étain sont l'objet de concessions anciennes appelées *bounds* ; mais les mines de plomb et de cuivre qui peuvent être renfermées dans l'enclave des terrains concédés) *embounded*) appartiennent, comme partout ailleurs, au propriétaire du sol. (*Voyez* l'extrait d'ouvrages étrangers , *Journal des Mines* , t. 1 , p. 124 et 125.)

ils s'exposent. L'acte par lequel sont liées les deux parties contractantes est appelé *set*.

Le lord consent un bail ou *set* pour une durée de vingt-et-un ans, se réservant la faculté de le résilier dans le cas où la mine ne serait pas exploitée. Le même acte stipule en sa faveur une portion déterminée du produit en minerai qui doit lui être livré en nature, prêt à être vendu (*in a merchantable state*), ou remplacé par une somme d'argent équivalente à sa valeur : il contient l'énonciation du droit qu'il a d'inspecter les travaux en tout temps, et oblige l'autre partie (les *adventurers*) à entretenir et laisser à la fin de leur bail, en parfait état, les puits, galeries d'écoulement, *adits*, et galeries horizontales, *levels*.

11. Les droits du lord, *lord's dues*, varient beaucoup avec les circonstances. Dans les anciennes mines profondes, et qui ne peuvent être continuées ou reprises qu'avec de très grandes dépenses, ils n'excèdent guères $\frac{1}{15}$ ou $\frac{1}{18}$ du produit brut, et ils ne sont quelquefois que de $\frac{1}{24}$ ou $\frac{1}{32}$. Dans les mines nouvelles ils s'élèvent souvent à $\frac{1}{10}$ ou $\frac{1}{12}$, et dans quelques localités à $\frac{1}{8}$ du produit. Au reste, cette proportion n'a été consentie qu'à des époques où les métaux se vendaient à des prix beaucoup plus élevés qu'aujourd'hui et dans des cas où un produit extraordinairement abondant rendait possibles des entreprises grevées d'une charge aussi exorbitante.

M. John Taylor, à qui nous avons emprunté la plupart des détails qui précèdent et qui suivent (on the economy of the mines of Cornwall and Devon, *Transaction de la société géologique*, v. II), remarque avec juste raison que des traités semblables, dans lesquels le propriétaire du sol

ne court d'autre risque que celui de voir endom-
mager un ou deux acres de sa terre, tandis qu'il
retire souvent un revenu considérable d'entreprises où les exploitans perdent beaucoup d'argent, ne sont point équitables et tendent à détourner les capitalistes d'engager leurs fonds dans
les mines qui exigeraient des dépenses considérables sans aucun rendement immédiat.

La prospérité des mines *riches* (celles qui sont
pauvres ne sont pas et ne peuvent pas être exploitées), malgré les inconvéniens d'un semblable
système, tient à une administration économique,
et surtout pleine d'intelligence et de lumières, au
bon marché des machines nécessaires pour l'épuisement des eaux, l'extraction des minerais, etc.,
au développement général du commerce et de
l'industrie, qui facilite à un si haut degré les
achats, les ventes, les rentrées de capitaux et les
transactions de toute espèce.

12. Les personnes qui contractent avec le lord,
après s'être réservé la part qu'elles désirent,
partagent le reste à ceux de leurs amis qui désirent se joindre à eux. L'entreprise est ordinairement divisée en soixante-quatre parts, dont plusieurs sont possédées par le même individu.

Les dépenses sont additionnées à la fin de
périodes déterminées, dont la durée excède rarement un trimestre, et est le plus ordinairement
fixée à deux mois. Alors les actionnaires se réunissent en assemblée générale pour examiner les
comptes, et chacun d'eux fournit la somme à sa
charge en temps utile pour le jour du payement, qui est régulièrement peu éloigné de celui
de la réunion.

Quand la mine donne des produits, les comptes

sont clos aux mêmes périodes, et les profits partagés entre les actionnaires de la même manière. Une balance, destinée à faire face à des avances aux ouvriers et autres circonstances éventuelles, est ordinairement laissée entre les mains du caissier ou régisseur.

13. L'administration générale est souvent déléguée à une seule personne, qui a le contrôle et la gestion supérieure (*super intendent*) de toutes les affaires de la mine. Le plus communément cette personne est un des associés qui, faisant de l'administration des mines sa profession spéciale, et en ayant en général plusieurs sous son inspection, a une aptitude particulière pour des fonctions aussi importantes. Dans quelques entreprises la gestion est divisée. La partie financière est confiée à un caissier (*purser*), et la conduite de tous les travaux au principal capitaine agissant sous la direction de l'assemblée des actionnaires (adventurers).

Les agens qui surveillent et font exécuter les travaux sont appelés capitaines (captains) : ce sont des mineurs de profession qui, par leur caractère et leur capacité, se sont souvent élevés de situations inférieures à des postes d'une grande importance et responsabilité. Cette classe d'hommes respectables a beaucoup contribué aux perfectionnemens du système d'exploitation actuellement suivi, dont les résultats brillans sont encore dus, pour la plus grande partie, à leurs connaissances et à leur activité.

Dans une grande mine, la gestion et la surveillance sont exercées par les officiers ci-après :

1°. Un capitaine en chef ou régisseur (*mana-*

ger) qui a l'inspection et la direction générale des travaux du fond et de la surface.

2°. Plusieurs capitaines du fond (underground captains). Ils visitent à tour de rôle les travaux souterrains, assistent le capitaine principal dans l'évaluation des travaux qui doivent être donnés à l'entreprise, veillent à l'exécution ponctuelle des contrats. Ils savent généralement assez de mécanique pratique pour être en état de diriger, dans les cas ordinaires, l'établissement ou la réparation de la plupart des machines employées.

3°. Le caissier et le teneur de livres (purser and book keeper).

4°. L'ingénieur (engineer) qui a soin des machines. (Il est souvent employé dans plusieurs mines différentes).

5°. Le *pitman* chargé de l'entretien des pompes placées dans les puits et en général des machines souterraines.

6°. Un boiseur en chef (timberman) qui est chargé de veiller à la pose et à l'entretien des planchers et des échelles dans les puits, ainsi que du boisage des excavations souterraines.

7°. Un capitaine de la surface (grass captain) chargé de la préparation mécanique des minerais extraits pour les rendre propres à la vente.

8°. Le charpentier en chef.

9°. Le forgeur en chef.

Ces deux derniers sont souvent employés à l'entreprise.

10°. Le garde-magasin (materials-man) qui tient compte de la rentrée et de la sortie des matériaux employés dans les mines.

11°. Le cordier (roper) qui est chargé des câbles et cordages de toute espèce.

14. Le mode du payement des ouvriers mérite surtout de fixer l'attention, d'abord parce qu'il simplifie l'opération générale et rend plus immédiatement évidens les profits ou les pertes et leurs causes, ensuite parce qu'il tend, en associant pour ainsi dire les ouvriers à une partie de ces profits ou pertes, à developper leurs facultés et à les utiliser dans l'intérêt de l'établissement.

Le travail à la journée est très limité, et l'on n'y a recours que pour l'exécution d'ouvrages qui admettraient très difficilement une évaluation préalable, ou qui sont trop peu importans pour être l'objet d'un contrat ou marché, de sorte que, dans un grand établissement de mines bien conduit, les dépenses en journées d'ouvriers ne sont qu'une très faible partie de la dépense totale.

Il y a trois genres de travaux qui sont l'objet d'un contrat avec les ouvriers :

1°. Le foncement de puits, l'exécution de galeries à travers bancs ou dans le filon, et surtout la division du filon en massifs rectangulaires, ce que l'on appelle ouvrir le fond (open the ground). Ce genre d'ouvrage, qui est payé à raison de tant par fathom courant ou fathom cube, est appelé *tutwork*.

2°. L'exploitation des massifs dans lesquels le filon a été divisé, comprenant toujours le transport souterrain et l'extraction au jour du minerai, et le plus souvent la préparation mécanique du minerai extrait pour le rendre propre à la vente, ce genre d'ouvrage est exécuté par plusieurs ouvriers associés que l'on nomme *tributors*, qui reçoivent pour salaire une fraction convenue de la valeur du minerai extrait et vendu. Cette fraction de la valeur du minerai est appelée *tribut*.

3°. La préparation mécanique, lavage et nettoyage des minerais appelé *dressing*.

Les minerais extraits par les *tributors* devant être nettoyés par eux et rendus vendables, les marchés particuliers que l'on passe pour la préparation mécanique s'appliquent seulement à des déchets abandonnés par les tributors, et qui sont ensuite repris pour le compte de la compagnie. Ces déchets, composés principalement de minerai à bocard très pauvre et des derniers sables provenant du débourbage ou du lavage qui se réunissent dans les bassins généraux, sont nettoyés aussi, moyennant une fraction convenue de la valeur du minerai rendu vendable, fraction qui est ordinairement supérieure au tribut payé aux mineurs.

15. Les divers genres de travaux énumérés ci-dessus sont donnés au rabais dans une sorte d'enchère, nommée *setting*, qui a lieu à la fin de tous les deux mois; quelques jours avant le setting, les capitaines mesurent l'avancement des ouvrages exécutés en tutwork dans les puits, galeries, etc., déterminent les massifs à exploiter moyennant un tribut, et les tas de minerai pauvre à nettoyer. Ils estiment aussi approximativement que possible la valeur de chaque genre d'ouvrage, et font du tout une liste dans laquelle chaque travail à faire est clairement désigné avec leurs observations à côté. C'est de cette liste que se servira le *régisseur* ou capitaine en chef dans le prochain setting.

Au jour indiqué, vers midi, les ouvriers se réunissent en nombre considérable au lieu de l'enchère publique à laquelle sont admis, non-seulement les ouvriers qui ont travaillé à la mine dans la période précédente, mais encore tous ceux qui ont besoin d'ouvrage et qui attendent ces occasions pour s'en procurer.

On commence d'abord par donner lecture du règlement général contenant les règles auxquelles sont soumis les divers marchés, et les punitions imposées, en cas de fraude, de négligence ou d'inexécution du travail entrepris.

Après cela, le capitaine régisseur commence ordinairement par le tutwork, et met au rabais un puits ou une galerie, en indiquant le nombre d'hommes nécessaire, et souvent restreignant l'entreprise à une certaine profondeur ou longueur. Le transport souterrain et l'extraction au jour des déblais sont toujours compris dans le marché. Les ouvriers commencent alors à miser, et habituellement ceux qui exécutaient le travail dans la période précédente, sont les premiers à le faire, mais à un prix très élevé, moins dans l'espoir d'influencer les agens que dans celui de détourner d'autres ouvriers d'entrer en concurrence avec eux. D'autres misent à des prix de plus en plus bas, jusqu'à ce qu'aucun rabais ultérieur n'étant offert, le capitaine régisseur jette en l'air une petite pierre et nomme le dernier miseur. Toutefois, il arrive rarement que l'offre des ouvriers soit aussi basse que l'estimation des capitaines. Alors le régisseur offre au dernier miseur de prendre l'ouvrage à un prix qu'il indique immédiatement comme étant son *maximum*. S'il refuse, l'offre est aussitôt faite à ses compétiteurs dans l'ordre des mises les plus basses.

Cette manière de procéder, en réservant aux capitaines le droit de retirer l'ouvrage mis au rabais, en cas de coalition entre les ouvriers, paraît d'abord avoir cet inconvénient que les miseurs n'offrent pas tout de suite le prix le plus bas; mais aussi ils refusent rarement d'accepter les conditions offertes par le capitaine, quand ils les croient raisonnables, sans quoi elles seraient aussitôt acceptées par leurs concurrens.

Les parties de minerai à exploiter moyennant un tribut sont ensuite mises au rabais de la même manière. Le massif est clairement désigné et ordinairement limité par des galeries qui se croisent; le nombre d'hommes qui doivent y travailler est aussi fixé. Les mises au rabais et l'offre du capitaine sont faites à *tant dans la livre sterling,* c'est-à-dire *tant de shillings dans vingt* de la valeur du minerai extrait et vendu. Le *quantum* du tribut varie beaucoup suivant la richesse du massif à exploiter, les frais d'extraction au jour, de préparation mécanique, le prix courant du minerai, etc. Il est quelquefois de 3 pence, et d'autres fois de 14 ou 15 shillings dans la livre, c'est-à-dire que l'ouvrier reçoit à titre de salaire de $\frac{14}{20}$ à $\frac{14}{20}$ ou $\frac{15}{20}$ de la valeur du minerai extrait et vendu, suivant les circonstances.

Les tas de minerai pauvre à nettoyer sont ensuite désignés, et l'on mise de la même manière.

Chaque contrat ou marché est conclu par un seul qu'on appelle le *preneur* et qui s'associe le nombre d'hommes voulu.

Le foncement d'un puits emploie de 4 à 12 hommes, suivant les cas; l'avancement d'une galerie horizontale de 2 à 6 hommes.

Les massifs de minerai à exploiter occupent de 2 à 6 hommes.

Enfin le preneur d'une partie de minerai à

nettoyer emploie un certain nombre de femmes et d'enfans.

16. Un compte est ouvert dans les bureaux à chaque preneur ou chef de compagnie. Il est débité de la valeur des outils que lui délivre le forgeur, des frais d'entretien de ces outils pendant la durée de son marché, des chandelles, de la poudre et autres articles usés par lui et ses associés, des frais d'extraction des déblais au jour quand il travaille en tutwork, des frais d'extraction et des salaires de ceux employés à nettoyer les minerais quand il est *tributor*, d'avances en argent qui lui sont faites, s'il en a besoin. Le même compte est crédité, pour l'homme qui travaille en *tutwork*, *tutworkem*, du montant de l'ouvrage fait et mesuré, et de la valeur des outils et autres articles rendus par lui. La balance est soldée au preneur le jour du payement, qui est généralement une quinzaine après la fin des contrats.

17. Quant aux *tributors*, le crédit de leur compte ne peut être fermé que lorsque leurs minerais sont vendus et livrés aux compagnies qui les achètent de la mine pour les fondre (smelting companies).

Dans les mines de cuivre, la parcelle de minerai de chaque tributor est pesée, dès qu'elle est prête, par un des capitaines et portée au tas général appelé la part publique (public parcel). Mais auparavant on prend trois échantillons de minerai renfermés dans des sacs de toile bien cachetés. Un d'eux est remis à l'essayeur de la mine pour déterminer sa teneur en cuivre; l'ouvrier en prend un second pour le faire essayer s'il le désire : un troisième reste déposé dans les bureaux pour servir à un nouvel essai en cas de contestation. On fait alors, d'après l'essai, un premier calcul de la valeur de chaque parcelle. A cet effet, il suffit de déduire de la valeur du cuivre métallique qu'elle contient, et qui est connue par l'essai, les frais de fonte et de transport aux fonderies, qui sont évalués à $2^{liv.}15^{shi.}$ par tonne de minerai.

Supposons, par exemple, que l'essai ait indiqué dans le minerai une teneur en cuivre de 9 p. 100, et que le prix courant actuel du cuivre métallique sur le marché soit de $110^{liv.}$ la tonne, on dira : le cuivre contenu dans une tonne de minerai vaut de. . . . . . $110^{liv.}$ ou $9^{liv.}$ $18^{sh.}$

Les frais à déduire sont de. . . . $2^{liv.}$ $15^{sh.}$

Reste pour la valeur nette d'une tonne de minerai. . . . . $7^{liv.}$ 3 $^{shi.}$

En multipliant les prix ainsi obtenus par le nombre de tonnes contenues dans chaque parcelle, on aura les prix *fictifs* de chaque parcelle dont la somme sera le prix *fictif* du tas général. Mais lorsque celui-ci est vendu à une compagnie, il arrive ordinairement que le prix réel de la vente diffère du prix fictif, et, dans ce cas, la différence en plus ou en moins est répartie entre toutes les parcelles qui composent le tas général proportionnellement au montant de chacune d'elles. Cette part de différence est alors portée au crédit ou au débit des divers *tributors* dont le compte est balancé.

18. Il est presque inutile de faire remarquer les avantages nombreux qui découlent évidemment du système adopté dans les mines du Cornwall et du Devon, système que M. John Taylor a maintenant introduit dans les mines de

plomb du Flintshire, celles de Skipton en Yorkshire et quelques mines de cuivre du Cumberland. D'abord les intérêts du maître et de l'ouvrier *tributor* se confondent complétement après la conclusion du contrat. L'adresse, l'habileté, les petites découvertes de minerai dans des veines latérales, profitent également à l'un et à l'autre. Celui-ci est en quelque sorte associé aux bénéfices de l'entreprise; toutes ses facultés sont tendues vers des économies de temps, de main-d'œuvre ou de matériel, des améliorations de détail que lui seul peut imaginer et mettre en pratique, des découvertes de minerai qui peuvent augmenter son salaire dans une très grande proportion; il est surtout intéressé à éviter le gaspillage du matériel qui retomberait entièrement à sa charge. Sous tous ces rapports, le moral de l'ouvrier est amélioré. Il ne gagnerait rien à être malhonnête homme.

Son intelligence est aussi développée à un haut degré, par l'obligation où il se trouve de calculer les chances très compliquées de perte ou de gain dans un contrat tel que l'exploitation par *tribut*; enfin, le taux de ses gains étant très variable, il est obligé de mettre en réserve les profits considérables qu'il fait quelquefois, pour les occasions où ses profits seraient faibles, nuls ou même se changeraient en perte. Souvent une association de *tributors*, par suite d'une nouvelle découverte en minerai dans une partie du filon qui paraissait d'abord pauvre, reçoit une somme qui s'élève à plus de 200 livres sterling pour chaque associé dans la période ordinaire de deux mois. Dans d'autres cas, la veine s'appauvrissant, ils sont néanmoins obligés de continuer, et alors la balance de leur compte peut être en débet; ils n'ont pas même de quoi payer le montant du matériel usé par eux.

Aussi les mineurs du Cornwall sont généralement réputés pour leur intelligence, leur activité et leur intégrité. Ces qualités sont chez eux si saillantes, que le voyageur n'a pas de peine à les reconnaître par comparaison avec ceux des autres contrées du continent et de l'Angleterre.

19. Les minerais de cuivre sont vendus à des compagnies dont les usines sont situées sur la côte sud du pays de Galles, aux environs de Swansea et de Neath. Ces compagnies sont au nombre de 15 à 16, et toutes ont en Cornwall des agens et des essayeurs. Il y a toutes les semaines, dans une ville située au voisinage des mines les plus considérales, une assemblée à laquelle se rendent ces agens, et où les différentes parcelles de minerai sont mises en vente.

Les journaux du pays annoncent assez longtemps à l'avance les parties de minerais provenant des diverses mines, qui devront être vendues à un jour et à un lieu déterminé. Les minerais à vendre sont divisés sur la mine en tas réguliers et égaux entre eux, ordinairement au nombre de six pour une partie. L'agent des acheteurs désigne un de ces tas qui est, en sa présence, retourné et mêlé avec soin dans ses différentes parties, puis remis en tas rond d'une forme régulière; après cela on coupe dans le milieu une tranche sur les bords de laquelle on détache uniformément une certaine quantité de minerai, dont une partie est prise, pilée et tamisée pour fournir un nombre suffisant d'échantillons, qui sont mis dans des sacs cachetés avec soin et envoyés aux essayeurs de toutes les compagnies. Les acheteurs connaissent ainsi la teneur exacte du cuivre de chaque partie de minerai qui sera mise en vente à la prochaine réunion, et se décident, d'après la nature du minerai dont ils ont besoin, le prix courant du cuivre sur le marché, les frais de transport et de fondage.

La réunion à laquelle se trouvent les agens et exploitans des mines, aussi bien que les agens des compagnies de cuivre, est ordinairement présidée par l'un des premiers. Les offres des acheteurs pour chaque partie de minerai sont remises au président dans une note écrite, contenant l'indication du prix par tonne ; il ouvre et lit les diverses soumissions, et proclame acheteur celui qui a fait l'offre la plus élevée. La partie vendue reste sur la mine, jusqu'à ce que l'agent de la compagnie, qui a acheté, vienne assister au pesage, après quoi elle est expédiée au point de la côte où elle doit être embarquée pour le pays de Galles.

Les minerais ne sont pas tous vendus proportionnellement à leur teneur en cuivre, mais payés plus ou moins cher d'après la nature de leur gangue. Les compagnies de cuivre mêlent généralement entre eux ceux qui proviennent de diverses mines, afin d'obtenir par le mélange une gangue fusible.

20. Quant aux minerais d'étain, ils sont beaucoup plus enrichis par le lavage que ceux de cuivre ; leur traitement exige bien moins de combustible et des usines moins considérables. Celles-ci sont situées dans le comté de Cornwall, et les mineurs sont obligés de transporter à l'une de ces fonderies le minerai qu'ils veulent vendre,

et pour lequel ils traitent de gré à gré après un essai préalable. Il paraît cependant que le minerai d'étain est quelquefois vendu d'une manière analogue à celui de cuivre; car le journal de Truro annonce en même temps les ventes faites dans diverses places de deux espèces de minerai.

21. Pendant mon séjour en Cornwall, le 18 juillet 1833, il fut vendu à Truro 2,295 tonnes de minerai de cuivre, dont la teneur moyenne était de 9 pour cent. Le montant de la vente avait été de 16,700 liv. 6 sh. 6 d., et le prix régulateur du cuivre métallique, sur lequel ces ventes ont été faites (*standard*), était de 100 liv. 10 sh. 9 d. par tonne. Il résulte de ces données, que la tonne de minerai, d'une teneur de 9 pour cent, a été vendue moyennant 7 liv. 5 sh. 6 d. La valeur du cuivre contenu dans une tonne de minerai, d'après le prix régulateur et la teneur du minerai, est de 9 liv. 19 sh. La somme représentant les frais de transport, de fonte et le bénéfice des usines à cuivre est par conséquent de 2 liv. 13 sh. 6 d. par tonne. On vendit aussi le 16 juillet, à Redruth, 42 et demi tonnes de minerai d'étain (black tin), à des prix qui varièrent entre 38 liv. 12 sh. 6 d., et 24 liv. 10 sh. par tonne, plus 180 quintaux de 112 liv. avoir du poids, de minerai d'étain au prix de 11 sh. pour 20 livres avoir du poids. Sans doute cette dernière partie était du minerai d'étain d'alluvion (gain tin).

Le journal de Truro, qui publiait ces ventes dans son numéro du 19 juillet, annonçait, comme devant avoir lieu à Truro à pareil jour de la semaine suivante, la vente de 3,04 tonnes de

minerai de cuivre; et comme devant être vendus
à Camborne, le 1er. août suivant, 2,345 tonnes
du même minerai.

22. La quantité de minerai de cuivre produite
dans ces dernières années par les mines du comté
du Cornwall, s'élève à environ 140,000 tonnes,
dont la teneur moyenne est de 8 pour cent en
cuivre. Les consolidated mines fournissent seules
annuellement de 15,000 à 18,000 tonnes, dont
la teneur est supérieure à la richesse moyenne des
minerais de la contrée; ces mêmes mines produisent tous les deux mois un bénéfice net d'environ
8,000 livres sterling, plus de 200,000 francs ou
plus de 1,200,000 francs par an à partager entre
les actionnaires. La mine de cuivre de Tresavean
donne un produit net encore plus élevé; il est de
10,000 liv. sterl.; plus de 250,000 francs tous les
deux mois, et par conséquent plus de 1,500,000
francs par an.

Les minerais sont vendus sur place à un prix
moyen qui est ordinairement supérieur à 6 livres
sterling la tonne. Il dépend au reste du prix du
cuivre métallique au moment de la vente, et se
calcule approximativement, ainsi que nous
l'avons vu, en déduisant du prix du cuivre contenu dans la tonne de minerai, et dont la quantité est connue par l'essai en petit, une somme
de 2 liv. 15 sh. représentant les frais de transport et de fonte.

Quant à la production en minerai d'étain,
elle est beaucoup moins considérable. La production en étain métallique provenant des mines
du Cornwall s'élève annuellement de 4,000 à
5,000 tonnes; comme le minerai est amené ordinairement par la préparation mécanique à une

teneur de 70 pour cent en métal, cela représente de 5,700 à 7,000 tonnes de minerai lavé.

23. Les minerais de cuivre vendus sont généralement transportés au port le plus voisin par des routes et des voitures ordinaires. Néanmoins, dans ces dernières années, on a construit un chemin de fer (rail road) qui aboutit à la mer non loin de Perran Wharf, et sert au transport des minerais exploités aux *consolidated mines*, et dans les autres mines importantes voisines de Kedruth. Le rail road suit la vallée dans laquelle débouchent les principales galeries d'écoulement. Sa pente moyenne est de $\frac{1}{80}$, et sur quelques points elle va jusqu'à $\frac{1}{36}$. Chacun a le droit de placer des waggons et des chevaux à lui appartenant sur ce chemin, qui est généralement à simple voie et ne sert absolument qu'au transport des minerais de cuivre au port, et de la houille, fer, fonte, chaux ou autres matériaux nécessaires à l'exploitation, du port de débarquement aux mines. La compagnie propriétaire du chemin n'a point de waggons qui lui appartiennent, les transports étant toujours exécutés par les expéditeurs.

24. Les machines à vapeur et les autres objets en fonte moulée, sont généralement fournis par des fonderies établies dans le comté du Cornwall, et qui tirent du Glamorgan la houille et la fonte brute. Deux grandes fonderies et ateliers de construction de machines à vapeur sont situées à Hayle, sur la côte nord du comté. Une fonderie moins importante est établie à Perran Wharf, près de la côte méridionale, sur la route de Fal-

mouth à Truro. Celle-ci est moins avantageuse-
ment située que la première.

25. Les prix des matières premières tirées
des ports de Swansea et de Neath dans le Glamorgan, et rendus aux mines de Hayle, étaient
les suivans en juillet 1833.

Houille mêlée de première qualité, 1$^{liv.}$ 12$^{sh.}$
par voie de 72 bushels, pesant ensemble 6,048 liv.
avoir du poids. En monnaies françaises 40$^{fr.}$48$^{c.}$
pour 2,742$^{kil.}$, ou 1$^{fr.}$48$^{c.}$ par 100 kilogrammes.

Fonte brute pour moulage, 5$^{liv.}$ 5$^{sh.}$ par
tonne de 2,240 livres avoir du poids. Ou en me-
sures françaises 132$^{fr.}$ 82$^{c.}$ par 1,015$^{kil.}$, ou 13$^{fr.}$
09$^{c.}$ les 100 kilogrammes.

Les prix des objets fabriqués à Hayle étaient
les suivans :

Moulages de forme simple 6$^{liv.}$ par tonne,
15$^{fr.}$ 18$^{c.}$ les 100 kilogrammes.

Tuyaux en fonte pour les pompes de mines,
7$^{liv.}$ 10$^{sh.}$ par tonne; 18$^{fr.}$97$^{c.}$ les 100 kilogr.

Grands cylindres de 80 à 90 pouces de dia-
mètre intérieur allésés, 22$^{liv.}$ par tonne, 55$^{fr.}$
66$^{c.}$ les 100 kilogrammes.

Couverts de cylindre, fonds de cylindres
rabotés, *id.*

Chaudières cylindriques en tôle de fer, avec
tube intérieur de la forme usitée pour les machines du Cornwall, 18$^{liv.}$5$^{sh.}$ par tonne, 46$^{fr.}$
17$^{c.}$ pour 100 kilogrammes.

Valves ou soupapes en bronze allésées ou
rodées 2$^{sh.}$ 3$^{d.}$ la livre avoir du poids; 6$^{r.}$ 28$^{c.}$
le kilogramme.

Le salaire journalier des ouvriers forgeurs
ordinaires est, dans les usines de Hayle, de
2$^{sh.}$ 6$^{d.}$ environ, soit 3$^{fr.}$ 60$^{c.}$

Il y a aussi une fonderie très considérable, et un très bel atelier de construction pour les machines à vapeur à Neath-Abbey, sur la côte sud du Glamorgan. Mais les machines employées sur les mines du comté du Cornwall sont généralement tirées de préférence des fonderies du pays, afin d'éviter un transport par mer qui devient coûteux et embarrassant pour des pièces aussi énormes que les cylindres des machines.

26. Les navires qui transportent le minerai de cuivre dans le pays de Galles rapportent en retour la houille employée pour les machines à vapeur, les fonderies d'étain et autres usines établies dans le pays, les usages domestiques ; le fer et la fonte ; le calcaire pour la fabrication de la chaux qui est employée comme engrais en énorme quantité dans les comtés du Cornwall et du Devon. Ces navires sont du port de 100 à 200 tonneaux. On estime qu'ils peuvent faire en moyenne 10 voyages par an du Glamorgan dans le Cornwall. A ce taux le transport seul des minerais de cuivre occuperait 140 vaisseaux du port de 100 tonneaux.

27. Le Cornwall fournit en outre à l'exportation du granit pour pierre de taille, de la terre à porcelaine exploitée aux environs de Saint-Austle, et qui est transportée dans les fabriques du Staffordshire, de l'argile réfractaire qui sert dans la construction des fourneaux pour le traitement du cuivre, et de quelques hauts-fourneaux situés près de la côte sud du Glamorgan, du minerai de fer (fer hématite ou oxidulé) qui est exploité dans un filon voisin de Lost-Withiel et qui est transporté dans le pays de Galles pour y être mêlé en petite quantité au fer carbonaté des houillères,

de l'oxide de manganèse et un peu d'arsenic manufacturé.

28. Les quantités de minerai de cuivre produites dans les exploitations du comté du Cornwall pendant quelques-unes des dernières années, ont été ainsi qu'il suit :

Pendant l'année qui finit au 30 juin 1831, le produit fut de 146,502 tonnes de minerai de cuivre, dont la teneur moyenne fut de 8 pour cent. Le prix régulateur moyen du cuivre métallique (standard) étant de 99$^{liv.}$ 18$^{sh.}$; le prix moyen de la tonne de minerai fut de 5$^{liv.}$ 11$^{sh.}$.

Dans l'année suivante, c'est-à-dire du 1er. juillet 1831 au 30 juin 1832, le produit des mines fut de 139,057 tonnes, d'une teneur moyenne de 8 $\frac{3}{4}$ pour cent. Le prix régulateur moyen du cuivre (standard) étant de 100$^{liv.}$ 14$^{sh.}$, le prix moyen de la tonne de minerai fut de 6 liv. st.

Dans ces deux années, les *consolidated mines* fournirent seules environ 15,000 tonnes. Le produit de l'année 1832—1833 n'a pas été inférieur à celui des années précédentes, et le prix du cuivre s'étant élevé, le minerai s'est vendu plus cher.

Dans l'année, du 1er. juillet 1831 au 30 juin 1832, la quantité d'étain métallique obtenu en Cornwall et en Devon a été de 24,568 blocs pesant 4,176 tonnes.

Voici le tableau des quantités de cuivre métallique produites par toutes les mines de la Grande-Bretagne pendant l'année 1831—1832, avec l'indication du lieu d'où proviennent les minérais.

Les minerais du comte du Cornwall ont produit 12.099 tonnes.
Du Devon. . . , ... 149.
Des autres parties de l'Angleterre. 42
De l'île d'Anglesea. 852
Des autres parties du pays de Galles. 237
De l'Irlande. 974
De l'île de Man 12
Les minerais importés des contrées étrangères
  pour être traités dans le pays de Galles. 56
                                          _____
Quantité totale de cuivre métallique. . . . . . . 14.521 tonnes.

PARTIE TECHNIQUE.

1. Nous traiterons d'abord de l'exploitation des mines en filons ; nous ajouterons quelques mots sur celle des minerais d'alluvion dans les *Stream-Works*, et celle des petits filons ou Stock-Werk de Carclaze.

La méthode d'exploitation usitée aujourd'hui en Cornwall et en Devonshire est très-simple et très-régulière. Les travaux préparatoires, dans le gîte, consistent dans l'exécution de galeries horizontales, appelées niveaux (*levels*), distantes l'une de l'autre de 10 fathoms mesurés suivant la verticale, et que l'on pousse, en général, avec beaucoup de régularité, sans les interrompre jamais à cause de la stérilité du filon dans certaines places. Ces galeries sont désignées par leur profondeur au-dessous du niveau de la galerie d'écoulement (*adit level*).

On en commence de nouvelles, à mesure que l'on approfondit le puits le plus profond dans lequel sont toujours placées des pompes d'épuisement. Quand ce dernier puits est creusé suivant l'inclinaison du gîte, elles partent du puits même et s'étendent des deux côtés. Quand il est foncé verticalement hors du gîte, on pratique, à

Division du gîte en massif.

chaque niveau, des galeries à travers bancs, à partir desquelles commencent les grandes galeries horizontales (*levels*).

Celles-ci sont réunies entre elles par des puits ou galeries inclinés suivant le gîte, entre lesquels on laisse une distance de 18 fathoms, de telle sorte que le gîte se trouve divisé en massifs rectangulaires qui ont 10 fathoms sur 18. Il est presque inutile d'ajouter que cette distance de 18 fathoms, entre les puits de recoupement, n'est pas aussi régulièrement observée que la distance entre les galeries de niveau ; qu'ainsi, dans les parties stériles du filon, on se dispense de les exécuter, ou qu'on augmente leur distance.

Les massifs rectangulaires sont ensuite exploités de bas en haut suivant la méthode des gradins renversés. Dans une mine en prospérité et bien conduite, il y a toujours un certain nombre de massifs préparés d'avance, indépendamment de ceux qui sont l'objet de l'exploitation actuelle, et on en prépare en même temps de nouveaux, soit en prolongeant celles des galeries de niveau commencées qui n'ont pas encore atteint les limites du terrain concédé par le lord, soit en fonçant le puits le plus profond, et entreprenant de nouvelles galeries, aussitôt que l'approfondissement est suffisant pour cela.

On exécute en même temps, à chaque niveau que l'on atteint, des galeries à travers bancs, pour atteindre et recouper les filons parallèles ou latéraux (*side lodes*).

Puits d'épuisement et d'extraction. 2. Les puits d'épuisement et d'extraction sont commencés dans le toit du filon, et viennent rencontrer celui-ci à une profondeur qui dépend de son inclinaison et de la distance du puits aux affleuremens. En général, on éloigne assez l'orifice du puits des affleuremens, pour n'atteindre le gîte qu'à une profondeur plus grande que celle où le filon est déjà reconnu riche et productif; ainsi, aux *consolidated mines*, tous les puits d'épuisement et d'extraction sont verticaux; le puits le plus profond, sur lequel est placée une machine d'épuisement neuve de 80 pouces de diamètre au piston, a actuellement une profondeur de 200 fathoms au-dessous du niveau de la galerie d'écoulement, et ne doit atteindre le filon qu'à la profondeur d'environ 260 fathoms au-dessous de ce niveau.

Cependant, lorsque l'inclinaison du filon est un peu considérable, que la roche du toit est extrêmement dure, et que la matière du filon lui-même est très solide, les puits sont souvent placés au toit, de manière à atteindre le gîte à un niveau supérieur au fond des travaux, et se continuent ensuite, à partir du point de rencontre, en suivant l'inclinaison de la veine. Les pompes sont alors inclinées dans une portion du puits, et les cuveaux qui servent à l'extraction glissent sur le mur. C'est ainsi qu'à Huel-Vor les puits d'épuisement ne sont verticaux que jusqu'à la rencontre de la veine, à une profondeur de 140 ou 160 fathoms au-dessous de la surface, et se prolongent ensuite suivant l'inclinaison du gîte, qui forme un angle de 15 à 20° avec la verticale.

Le creusement des puits, l'exécution des galeries de niveau et des galeries inclinées qui réunissent les *levels*, forment la plus grande partie de ce genre d'ouvrages, qui est appelé *tutwork*, et qui s'exécute à raison de tant par fathom courant. La seule particularité que j'aie remarqué dans l'exécution de ces travaux, c'est que les

Travail dans
le roc dur.

mineurs anglais emploient généralement, dans le roc dur, la poudre à beaucoup plus forte charge que les mineurs français, piémontais, et surtout que les Allemands. Cela tient au bon marché de la poudre, qui ne coûte en Angleterre que 2 livres sterling (50^{fr}. 60^c.) le quintal de 112^{lbs}., équivalent à 50 kil., c'est-à-dire à peu près 1^{fr}. le kil., tandis qu'en France, le prix du kilog. de poudre est de 3$^{fr.}$ 30^c. Très souvent il y a deux ouvriers pour creuser un trou de mine; l'un tient et tourne le fleuret : l'autre frappe sur sa tête avec un lourd marteau. Les trous pratiqués au faîte des galeries ont de 1 $^{po.}\frac{3}{4}$ à 2 $^{po.}$ de diamètre, et une profondeur de 1 $^{pi.}\frac{1}{2}$ à 2 $^{pi.}$; de pareils trous sont chargés d'une livre de poudre (0^k,45). Dans le creusement des puits, ils font des trous encore plus larges et plus profonds, dans lesquels ils mettent à la fois jusqu'à 2 ou 3 livres de poudre.

Cartouches imperméables. Lorsque le roc fournit beaucoup d'eau, la poudre est renfermée dans un sac de toile goudronnée imperméable. Le feu est mis par un tube rempli de poudre : ce tube est à deux enveloppes formées de petites bandelettes en toile goudronnée, enroulées en spirale, l'une sur l'autre, et en sens inverse l'une de l'autre. Les sacs destinés à contenir la charge sont vendus pleins de sable et liés avec une ficelle. L'ouvrier, quand il veut s'en servir, détache la ficelle, vide le sable qu'il remplace par de la poudre, introduit dans la poudre et près des bords du sac l'extrémité du tube rempli de poudre, et renoue ensuite le sac auquel le tube se trouve naturellement adapté. Il coupe celui-ci de longueur convenable, introduit la cartouche au fond du trou, et bourre par-dessus avec des fragmens de killas, sans mettre d'épinglette, le tube en tenant lieu. Il est suffisamment solide pour ne pas se comprimer au point de laisser des solutions de continuité dans la traînée qui doit porter le feu à la cartouche. Ces objets se fabriquent à Camborne, petite ville entre Truro et Penzance. Un sac goudronné pouvant contenir une livre de poudre est vendu 4 pence, et les tubes remplis de poudre, 2 pence par yard de longueur.

La section des puits destinés à contenir les pompes d'épuisement, et une ligne d'échelles pour la descente des ouvriers, est généralement un rectangle de 8 pieds sur 9 ou 10 dans le roc dur. Quand ils sont verticaux, leurs parois sont dressées avec un très grand soin. Ces puits, dans le killas dur, ont très rarement besoin de boisage. Celui sur lequel est placée, aux *consolidated mines*, la machine d'épuisement neuve de 80 pouces de diamètre, a actuellement une profondeur de 235 fathoms au-dessous de la surface du sol, et ses parois extrêmement solides sont entièrement à nu, excepté tout près de la surface où elles sont boisées. Le prix du creusement d'un puits semblable varie avec la dureté de la roche, la quantité d'eau, etc. A la mine de cuivre de Huel-Friendship en Devonshire, un puits creusé dans le killas dur, dans l'intérieur de la mine, et dans lequel il arrivait très peu d'eau, coûtait 35 livres sterling (885 fr. 50 c.) par fathom courant, y compris l'extraction des déblais au jour. Sa section était seulement de 8 pieds sur 9, et les ouvriers usaient environ 80 [lbs.] de poudre par fathom.

Le creusement du puits d'épuisement le plus profond d'une mine, quand on ne peut pas retenir l'eau dans les niveaux supérieurs, est sou-

vent beaucoup plus cher. Il faut, en général,
plus d'une année pour approfondir ce puits (dit
sump) de 10 fathoms; de sorte qu'on ne peut
pas commencer chaque année une nouvelle galerie horizontale (*level*) dans le filon. M. Carne
(*on some improvements on mining*) cite comme
un fait remarquable qu'on ait pu approfondir en
quatre ans le puits (*sump*) de la mine de Poldice
de 35 fathoms, et celui de East-Huel-Damsel de
40 fathoms.

Les *consolidated mines*, quand elles ont été
reprises par la compagnie actuelle, n'avaient été
exploitées qu'à 90 fathoms au-dessous du niveau
de la galerie d'écoulement. La compagnie actuelle
est arrivée, en quatorze ans de temps, à la profondeur de 200 fathoms au-dessous du même niveau, et a par conséquent approfondi les travaux
de 110 fathoms, c'est-à-dire moyennement de
8 fathoms par an à très peu près. Elle a en outre
découvert plusieurs filons latéraux.

Les galeries horizontales (*levels*), dans le filon
et les galeries à travers bancs, ont en général $2\frac{1}{2}$
à 3 pieds de large sur 6 pieds de haut. Le prix
ordinaire, dans le rocher dur, est de 6 à 8 livres
sterling par fathom courant, y compris l'extraction des déblais au jour; cependant ce prix est
quelquefois beaucoup plus élevé. A la mine d'é-
tain de Huel-Vor, les ouvriers qui travaillaient à
l'avancement de la galerie de niveau la plus pro-
fonde, lorsque j'ai visité cette mine, recevaient
13 livres sterling par fathom; et l'on m'a dit que
le prix d'un ouvrage semblable s'était quelquefois
élevé à 27 livres sterling. Au reste, ces résultats
n'ont rien de surprenant pour ceux qui sont un

peu familiers avec les travaux de mine exécutés dans les rochers durs.

Si cette dureté du rocher augmente le prix des excavations, elle a d'un autre côté l'immense avantage que ces excavations sont ensuite parfaitement solides, n'exigent aucun entretien de boisage ou de muraillement, et que leurs parois et le terrain circonvoisin n'éprouvent aucun tassement. Cette dernière circonstance est surtout précieuse pour les puits destinés à recevoir des lignes de pompes. On sent en effet que des mouvemens de terrain occasioneraient des fuites d'eau dans les colonnes, des frottemens, et amèneraient la destruction rapide des diverses pièces de ces machines.

3. La roche des parois et celle des filons n'est pas toujours dure et solide, quoique ce soit le cas le plus fréquent. Quand cela arrive, les puits d'épuisement et d'extraction sont toujours verticaux et creusés dans le toit. Ainsi à la mine de Pembroke près Saint-Austle, on exploite un filon riche en minerai de cuivre dirigé de l'est à l'ouest, et incliné de 45° vers le nord. La matière du filon est extrêmement tendre, ce qui fait que l'exploitation consomme une quantité de bois considérable. Le puits d'épuisement le plus profond est maintenant parvenu à 108 fathoms au-dessous de la surface. Il est foncé dans un killas souvent fort tendre qui forme le toit du filon ; il est boisé avec soin, dans les parties où les parois sont peu solides, au moyen de forts cadres rectangulaires en bois de Norwège, derrière lesquels sont des madriers jointifs de 1 pouce ½ d'épaisseur. On a choisi, pour y placer les baches qui reçoivent les eaux dans la hauteur du puits, les parties où le roc est le plus solide, et n'a pas besoin de boisage. Dans cette localité

Creusement des puits et galeries dans le roc tendre et ébouleux.

le killas est recouvert par un dépôt de sables mo-
biles et fins, dont une grande partie provient, vraisemblablement, des résidus de lavage de l'ancienne
exploitation à ciel ouvert de Carclaze, que les
eaux ont entraîné dans les bas - fonds où sont situés les orifices des puits. La hauteur du dépôt
est ordinairement de 5 à 6 fathoms, souvent plus.

Cylindre en fonte pour traverser les sables. On emploie, pour traverser ce dépôt, la méthode des tubages ou cuvelages en fonte de fer,
usitée en plusieurs localités de l'Angleterre, et
notamment dans les terrains mouvans et sableux
des environs de Londres. Elle consiste à enfoncer
dans le sable, par pression, des tubes en fonte
qui s'assemblent les uns avec les autres, au moyen
de brides rentrantes vers la concavité des tubes,
et de boulons à vis et écrous. Chaque tube est
ainsi terminé par deux brides, sauf l'inférieur qui
entre le premier dans le terrain, et dont le rebord
est dentelé pour qu'il pénètre plus facilement. Lorsque le puits à creuser n'a qu'un petit diamètre, les tubes sont formés d'une seule pièce. Si le diamètre est
de 5 ou 6 pieds, chacun est formé de plusieurs
parties assemblées entre elles par des boulons à vis
et écrous, au moyen de brides verticales, c'est-à-
dire suivant les arêtes de la surface cylindrique,
rentrantes aussi vers la concavité des cylindres.
Après avoir enlevé, à la surface, le sable jusqu'à
une profondeur qui dépend de sa mobilité, on
place le premier tube dont le bas est dentelé : on
le charge de poids, et on l'enfonce dans le terrain.
On aide en enlevant le sable dans l'intérieur ;
quand il est à peu près enfoncé, on ajuste sur la
bride supérieure un second tube qu'on enfonce de
la même manière par pression, et retirant à mesure les sables de l'intérieur. On continue ainsi

jusqu'à ce qu'on soit arrivé au rocher solide. A
Pembroke, un des puits d'extraction est ainsi cu-
velé en fonte, jusqu'au roc situé à 6 fathoms
au-dessous de la surface. Le cuvelage ne monte pas
toutefois jusqu'au niveau du sol, mais seulement
jusqu'à la galerie d'écoulement, qui n'est ici qu'à
5 ou 6 pieds de profondeur : la petite partie du
puits, supérieure à ce niveau, est boisée. Au-dessous de la galerie jusqu'au roc il y a 4 tubes ; chacun d'eux a 6 pieds de haut et 5 pieds de diamètre
intérieur. Il est formé de 5 parties ou portions de
surfaces cylindriques, assemblées entre elles , au
moyen de brides verticales rentrantes, par des boulons à vis et écrous. L'épaisseur de la fonte est
de $\frac{2}{8}$ de pouce (1).

_____

(1) En visitant les belles presses mécaniques de M. Clo-
wes, dans le faubourg de South-Wark, nous avons eu
l'occasion de voir un puits, destiné à fournir de l'eau, creusé
de la même manière, dans le sable et gravier mobile qui
recouvre le *London-Clay* où se trouvent les sources d'eaux
bonnes pour les usages domestiques.
    Les tubes en fonte sont ici d'une seule pièce ayant
4 pieds de diamètre intérieur, et 3 pieds 7 pouces de hauteur verticale : les brides rentrantes ont 3 pouces de saillie
dans l'intérieur des cylindres et la fonte a $\frac{3}{8}$ de pouce d'é-
paisseur. Le cylindre qui pénétrait le premier dans le terrain
est terminé par un tranchant tel que A, *Pl. V, sect. 2e., fig.* 1,
sur tout son contour. Ces cylindres sont enfoncés dans le sable par la pression du poids dont on les charge à la partie supérieure. Il y a dans le puits dont il s'agit 7 tubes semblables
jusques au *London Clay* qui se trouve à 25 pieds 1 pouce au-
dessous de la surface du sol. Les tubes en fonte coûtent à
Londres 14 livres sterling la tonne, 35f.42c. les 100 kil.
M. Brunel, pour creuser le puits de 50 pieds de diamètre
par lequel on descend aujourd'hui dans le Tunnel sous la
Tamise, a employé un moyen semblable. Il a enfoncé
dans le terrain une tour en briques et ciment romain ,

Dans le filon très tendre de Pembroke, on a
exécuté des galeries horizontales (*levels*), dont
la distance verticale est de 10 fathoms suivant la
méthode générale. Ces galeries sont boisées avec
des cadres de bois, derrière lesquels on est obligé de placer presque partout des madriers jointifs; quelquefois le cadre de boisage ordinaire de
trois pièces (deux jambes et le chapeau) est
remplacé par un cadre formé seulement de deux
pièces inclinées, qui s'arc-boutent l'une l'autre à
leur sommet. L'entretien de ce boisage est fort
dispendieux. Les puits inclinés qui joignent entre
elles les galeries horizontales sont très étroits, simplement suffisans pour l'airage et le passage des ouvriers, et boisés le plus souvent avec des madriers
épais et jointifs qui sont soutenus par la pression
du terrain. La *fig.* 2, *Pl. V, sect.* 1re., représente la
coupe de ce boisage. *a, a, b, b,* sont quatre madriers
de 2 pouces à 2 pouces $\frac{1}{2}$ d'épaisseur; on les
place comme ils sont représentés dans la figure;
quatre tasseaux x, x', x'', x''', cloués le long des
arêtes verticales contre les deux madriers *a, a*, em-
pêchent les madriers *b, b* de céder à la pression
du terrain. Les ouvriers sont très habiles à exécuter ce genre de boisage, soit en montant, soit en
descendant.

---

ayant 42 pieds de haut, 3 pieds d'épaisseur de murs et
50 pieds de diamètre intérieur, sur laquelle il avait placé
d'avance la machine à vapeur destinée à extraire l'eau et les
sables pendant l'opération du creusement. Les parois de la
tour étaient liées entr'elles par des couronnes interposées
horizontalement dans la maçonnerie, et par de forts boulons verticaux. Elle fut d'abord construite sur une couronne portée sur les têtes de pieux qu'on enfonça successivement, quand on voulut faire descendre la tour.

4. L'abattage des massifs dans le roc dur, suivant la méthode des gradins renversés, se fait absolument comme en Allemagne et en France. Les déblais stériles, amoncelés sur des planchers, servent à remblayer les excavations; mais il arrive très souvent que la masse entière des filons contient du minerai disséminé; et il résulte alors, de l'enlèvement des massifs, des vides très considérables qui se soutiennent sans remblais, et au moyen d'un petit nombre d'étais en bois, grâce à la solidité des parois. *Exploitation des massifs.*

Dans le filon de Pembroke, la masse est quelquefois tout-à-fait semblable à du sable qui se désagrège par le plus léger effort, de telle sorte que la matière extraite de la mine, et amenée au jour, est immédiatement lavée ou débourbée dans une table longue et étroite, appelée *tye*, sans avoir besoin d'être préalablement broyée entre des cylindres ou bocardée. Ici les massifs ne sont pas enlevés entièrement comme dans le roc dur : les mineurs suivent les veines de minerai dans la matière sableuse, et les enlèvent en boisant ordinairement avec des madriers jointifs, de la même manière qu'ils creusent les puits inclinés dans le filon, entre deux galeries horizontales (*levels*). Ils exploitent ainsi en remontant. La grande inclinaison du filon facilite beaucoup leur travail.

Le montant du *tribut* payé à la compagnie d'ouvriers qui exploite un massif est très variable, ainsi que nous avons déjà eu occasion de l'observer. Les *tributors* ayant presque toujours à leur charge la préparation mécanique de leurs minerais, il en résulte que les minerais extraits sont divisés à la surface en plusieurs tas qu'on prépare séparément, pour le compte des diverses compagnies d'ouvriers. Dans les mines d'étain, où la préparation mécanique est plus compliquée que pour les minerais de cuivre, le prix à payer par les *tributors*, pour le cassage et le lavage de leurs minerais, est souvent fixé d'avance. Ainsi, à Huel-Vor, une compagnie, composée de huit ouvriers, qui exploitait un massif de minerai, lors de mon passage, recevait pour tribut 5 schellings dans une livre de la valeur du minerai vendu, c'est-à-dire $\frac{1}{4}$ du produit de la vente. Elle payait le cassage des minerais extraits par elle, à raison de 2 schellings, par cent sacs de 11 gallons chacun, de minerai cassé; elle payait ensuite 8 pence pour le bocardage et le lavage de chaque sac de minerai cassé.

A Pembroke, les ouvriers qui exploitaient un massif, en boisant de la manière que j'ai décrite, recevaient 9 schellings dans une livre de la valeur du minerai vendu, c'est-à-dire $\frac{9}{20}$ du produit de la vente. A Huel-Friendship, j'ai vu exploiter un massif moyennant un tribut de 1 schelling 6 pence seulement dans la livre, c'est-à-dire de $\frac{3}{40}$ du produit de la vente du minerai de cuivre. On estime le taux moyen du salaire de l'ouvrier à 2 schellings 6 pence (3 fr. 62 c. par jour).

Airage.   5. L'airage est en général très bon dans les mines du Cornwall et du Devonshire. Il se fait très bien naturellement, au moyen des puits d'extraction d'épuisement, des longues galeries horizontales qui les mettent en communication, et des puits inclinés qui vont d'un niveau à l'autre. Les seuls points où les ouvriers puissent être gênés, faute d'air, sont la dernière galerie de niveau, poussée à partir du puits d'épuisement, et les extrémités des galeries de niveau supérieures, que l'on prolonge et qui sont ainsi des culs-de-sacs. On emploie pour aérer ces parties des moyens artificiels, qui consistent le plus souvent à faire tomber de l'eau d'un niveau supérieur à un niveau inférieur, dans une caisse ou tuyau incliné, et à recueillir au bas de la chute, dans un réservoir analogue à celui d'une trompe, l'air que l'eau amène avec elle, et que l'on conduit au fond des tailles, par une série de tuyaux en bois ou en fonte. On préfère pour cela les tuyaux de fonte, parce qu'ils durent indéfiniment, et que d'ailleurs les tuyaux de bois, qui commenceraient à se pourrir, vicieraient un peu l'air qui les parcourt. Quand on ne peut pas employer ce moyen, on foule de l'air frais au moyen d'une pompe ordinaire, ou bien on aspire l'air vicié suivant les méthodes connues. Le transport souterrain s'exécute encore presque partout par brouettes roulant sur le sol des galeries. Cependant on a commencé à poser, dans quelques mines où les distances à parcourir sont considérables, des chemins en fer.

6. L'extraction du minerai se fait au moyen de machines à vapeur, et de câbles plats en chanvre, lorsque les puits sont verticaux, et le plus souvent de chaînes en fer, lorsqu'ils sont en partie creusés, suivant l'inclinaison du gîte. Les câbles plats pèsent en général 8 ^{lbs}. par yard courant, et coûtent 1 livre sterling 18 schellings par quintal de 112 ^{lbs}. Cela fait revenir le kilogramme à 0^f·95^c· et le mètre courant à 3^f·76^c. Ils sont formés de plusieurs parties réunies entre elles de la manière indiquée par la *fig.* 4 : A, B sont deux feuilles de fer aplati ou de tôle très épaisse, repliées sur elles-mêmes, comme on le voit dans la

Extraction des minerais

Câbles plats.

section transversale *fig*. 4, et fixées aux extrémités des cordes qu'on veut joindre ensemble par de petits clous qui traversent les deux branches de la tôle aplatie et la corde, et qui sont rivés du côté opposé à la tête. C'est un anneau rectangulaire qui réunit les deux pièces A et B, comme l'indique la *fig*. 4, et que l'on place avant de fixer les extrémités des cordes dans les pièces A, B.

Les chaînes en fer qu'on emploie dans les puits inclinés, parce que le frottement sur le mur du puits userait trop rapidement les cordes en chanvre, sont des chaînes ordinaires à anneaux arrondis et de force décroissante d'une extrémité à l'autre, comme cela doit être pour que le poids de la chaîne ne soit pas considérable. Une chaîne semblable est employée à Huel-Vor, pour l'extraction des minerais à une profondeur de 160 fathoms. Son poids total est de $4,800^{lbs}$., ce qui revient à 30^{lbs}. par fathom, ou $7^k,42$ par mètre courant.

Les câbles plats s'enveloppent sur eux-mêmes, à la manière ordinaire, entre les joues élevées d'une bobine. Les chaînes en fer s'enveloppent également sur elles-mêmes, sur un treuil horizontal d'une petite longueur et à rebords. Les machines d'extraction sont généralement placées à une assez grande distance de l'orifice des puits; la charpente qui supporte les molettes ou poulies de renvoi, placées au-dessus de ceux-ci, est de la forme la plus simple, et consiste simplement en quatre poteaux ou jambes inclinées, d'une assez grande hauteur, reliées en haut par des pièces horizontales, sur lesquelles posent les traverses qui portent les molettes. Le tout est sous un petit hangar en planches, destiné à mettre à couvert l'ouvrier qui vide les cuveaux pleins. Entre le puits et la bobine, sur laquelle ils s'enroulent, les câbles ou chaînes sont soutenus par des rouleaux horizontaux placés, de distance en distance, à la hauteur convenable.

Une sonnette, placée dans la chambre du machiniste, sert à l'avertir quand il doit arrêter la machine, ou changer le sens du mouvement de rotation. Cette sonnette est liée par des fils de fer à une corde qui se trouve dans la cabane, au-dessus du puits, à la main de l'ouvrier qui vide les cuveaux. Les ouvriers du fond communiquent avec celui-ci par une sonnette semblable dont les cordons descendent le long des parois du puits, ou quelquefois les signaux sont transmis du fond, au moyen d'une barre de fer continue, qui se prolonge, depuis l'orifice du puits ou de la galerie inclinée, jusqu'au point où on accroche les cuveaux. Il suffit de frapper l'extrémité de cette barre avec un marteau, pour que le son se transmette nettement à l'autre extrémité. C'est ainsi qu'à Huel-Friendship, près Tavistock, les signaux sont transmis du fond d'une galerie inclinée, qui a environ deux tiers de mille anglais (1073 mètres) de longueur, jusqu'à l'orifice, au moyen d'une barre de fer continue sur toute cette longueur.

Les cuveaux employés pour l'élévation du minerai, tant dans les puits verticaux que dans les puits inclinés, sont en tôle de fer, de forme bombée, analogue à celle des tonneaux ordinaires : ils sont liés au câble, ou chaîne principale, au moyen d'un bout de chaîne en fer, d'un crochet, et d'une anse demi-circulaire. Leur capacité est d'à peu près un hectolitre ; le cuveau vide pèse environ 280 ^{lbs}., et son contenu en minerai brut, tel qu'il sort de la mine, 448 ^{lbs}. Ces cuveaux sont vidés à la surface d'une manière très simple sans qu'il soit nécessaire de les décrocher.

Dans la *figure* 3, A représente le cuveau en tôle ; *a* est l'anse par laquelle il tient au crochet qui est adapté à l'extrémité de la chaîne ; *b* est un anneau adapté sur le fond du cuveau, et qui sert à le vider, comme on va le voir.

MN est le niveau du sol.

P, le puits d'extraction, dont l'orifice s'élève de 2 et demi à 3 pieds au-dessus de ce niveau ; il est couvert d'un plancher incliné *p*, *p*, tournant à charnière autour de l'arête *x*, et percé de trous pour laisser passer les cordes. Le cuveau qui monte le long de la paroi *y y* du puits, soulève, en arrivant, le plancher mobile *p p*, qui retombe de lui-même, après l'avoir laissé passer. Tout contre la paroi *y y* est un encaissement E, dont le fond est au niveau du sol. On amène dans cet encaissement les brouettes ou chariots destinés à recevoir le minerai extrait, pour le transporter de là aux places convenables. Dès que le cuveau s'est élevé un peu au-dessus du plancher *p p*, l'ouvrier qui est placé en I, au delà de l'encaissement E, saisit, avec les mâchoires d'une tenaille T suspendue par une corde à un point d'appui plus élevé pris sur la toiture du hangar, l'anneau qui est au fond du cuveau ; en même temps il donne, en tirant de l'autre main le cordon de la sonnette, le signal de changer le sens du mouvement de rotation de la machine. Le cuveau redescend alors, et l'ouvrier, en le tirant par le fond au moyen de la tenaille, le vide dans la brouette ou chariot placé dans l'en-

caissement E. Cela fait, il avertit par un nouveau signal le machiniste de relever le cuveau
dont il détache la tenaille. Quand un signal venant du fond l'avertit de faire descendre le cuveau
vide, il le transmet au machiniste, et ouvre le
plancher *p p*, pour que le cuveau passe. Souvent
le puits n'est pas recouvert, et, dans ce cas, l'ouvrier, après avoir vidé le cuveau, le jette directement dans le puits, sans que le machiniste ait
besoin de changer, une seconde fois, le sens du
mouvement de rotation de la machine.

Les machines d'extraction sont habituellement
des machines à vapeur à double effet et à haute
pression; dans le cas où l'on emploie les câbles
plats, la bobine, sur laquelle ils s'enroulent et
qui est mue par la machine, a quelquefois son
axe vertical. Cette disposition a l'inconvénient
de tordre le câble plat; mais elle est commode
en ce que l'on peut, avec la même machine,
extraire des minerais, dans des puits diversement
placés par rapport à elle. Ainsi, lorsque l'on veut
abandonner l'extraction par le puits actuel pour
la faire par un nouveau puits, il suffit de déplacer
les câbles, sans avoir à modifier en rien le système des bobines et de la machine.

Aux mines de Huel-Friendship et de Huel-
Betsey près de Tavistock, l'extraction se fait au
moyen de roues hydrauliques, à un seul rang
d'augets. Bien que ce mode soit vicieux, il a
quelque chose d'ingénieux qui mérite d'être décrit.
La chaîne en fer à laquelle est attaché le cuveau,
ou chariot unique qui sert à l'extraction, s'enroule
sur une bobine à axe horizontal. Sur le même
axe est montée une roue d'engrenage, conduite
par une autre roue montée, soit sur l'arbre de la

roue hydraulique, soit sur un arbre intermédiaire entre celle-ci et le treuil ou bobine. Les roues d'engrenage sont dans le même plan, à Huel-Friendship; à Huel-Betsey, l'arbre de la roue étant placé au-dessous du niveau de l'orifice du puits, le mouvement de celle-ci est transmis au treuil, par l'intermédiaire d'un arbre vertical et de roues d'angle, montées sur cet arbre, et sur ceux de la roue et du treuil. Dans tous les cas, celui des paliers de l'arbre du treuil, qui se trouve du côté de la roue d'engrenage, est posé sur l'extrémité du bras le plus court d'un long levier horizontal en bois, dont l'autre extrémité est chargée d'un contre-poids, faisant à peu près équilibre à la charge que porte le palier. Il suffit ainsi d'appuyer sur l'extrémité du plus long bras de levier, pour soulever le palier du treuil, et le rendre indépendant de la roue hydraulique, en désengrenant les roues dentées.

Ainsi, lorsque le cuveau ou chariot est arrivé à l'orifice du puits ou de la galerie, le machiniste soulève le levier, et ferme en même temps la vanne qui amène l'eau sur la roue. Celle-ci s'arrête, après avoir fait encore environ un tour; mais le treuil s'arrête immédiatement. Si le cuveau est supendu au-dessus de l'orifice du puits, il redescend par son propre poids, en faisant tourner le treuil en sens contraire. On modère la vitesse à la descente, au moyen d'un frein placé sur le treuil. L'ouvrier placé sur le puits vide le cuveau avec des tenailles, à la manière ordinaire et le rejette ensuite dans le puits. Alors il suffit de desserrer le frein pour que le cuveau descende par son poids jusques au fond de la mine. On modère encore avec le frein la vitesse à la descente, qui demeure cependant très considérable, pour éviter les pertes de temps.

A Huel-Betsey, le cuveau glisse en montant et en descendant, sur le mur du puits creusé dans le filon. A Huel-Friendship le minerai est porté par un chariot montant sur un chemin de fer, dans une galerie inclinée, creusée dans le gîte suivant une diagonale.

35. Les quantités d'eaux affluentes dans la plupart des mines du Cornwall et du Devonshire sont très considérables. Les difficultés d'épuisement croissant avec la profondeur des travaux souterrains, on les a surmontées, d'une part, en empêchant, autant que possible, les eaux des niveaux supérieurs de tomber au fond des travaux ; d'autre part, en construisant des machines plus puissantes.

Epuisement
des eaux.

Dans un petit nombre de localités, notamment à Huel-Friendship et Huel-Betsey, les pompes sont mues par de grandes roues en dessus, placées près de l'orifice des puits. Mais en général la difficulté, et souvent même l'impossibilité d'amener des cours d'eaux assez considérables pour servir de moteurs, ou de construire des étangs ou réservoirs semblables à ceux qui fournissent les eaux motrices à la plupart des mines métalliques d'Allemagne, ont obligé d'avoir recours à la puissance de la vapeur (1). Le grand intérêt que l'on a eu à ramener au *minimum* la consommation en houille, qui re-

---

(1) Les eaux courantes sont si peu abondantes près des principales mines de Cornwall, que l'on est souvent obligé d'élever au jour, au moyen des machines, les eaux nécessaires au lavage des minerais, au lieu de les verser dans la galerie d'écoulement.

vient à plus de 2^{fr}. les 100 kilogr. rendus aux mines, a été la cause première des nombreuses améliorations qui, dans une période de moins de 20 ans (de 1813 à 1830), ont réduit de moitié la consommation moyenne de toutes les machines en combustible, ou si l'on veut, doublé l'effet utile obtenu par la consommation de quantités égales de houille. (Voir le Mémoire de M. John Taylor, traduit *Ann. des Mines*, 3e. *série, t. II*, p. 51).

Le premier soin à prendre a été de retenir les eaux dans les niveaux supérieurs, en les empêchant, autant que possible, de tomber au fond des travaux. C'est à quoi l'on est parvenu : 1°. en soignant davantage l'entretien des galeries d'écoulement, les tenant libres d'obstructions, et établissant sur leur sol, toutes les fois que cela a été nécessaire, un lit artificiel imperméable aux eaux ; 2°. en faisant des travaux semblables dans les galeries horizontales situées à différens niveaux dans le gîte, et proportionnant, à chaque niveau, le nombre de pompes d'épuisement à la quantité d'eau qu'elles doivent extraire, laquelle se compose de celle élevée par les pompes inférieures des niveaux plus bas, et de celle qui afflue naturellement à ce niveau.

M. Carne, dans le mémoire déjà cité (vol. III des *Transactions de la société géolog.* du Cornwall), pense que la quantité d'eau aujourd'hui élevée par les pompes de quelques mines très profondes, est moindre que celle que l'on élevait il y a vingt ans : « On estime, *dit-il*, que la » quantité d'eau extraite aujourd'hui à Huel- » Unity et Poldice, et aux *consolidated mines*,

» et versée dans la galerie d'écoulement, n'est
» guères que les $\frac{3}{5}$ de celle qui était extraite au-
» trefois : et l'on n'extrait pas autant d'eau des
» mines réunies de Treskirby, Huel-Chance et
» North-Downs, qu'on en extrayait autrefois de
» la seule mine de North-Downs. »

Toutefois, il est permis de penser que, malgré
les soins apportés à l'entretien des galeries d'é-
coulement, la diminution apparente de la quantité d'eau élevée tient en grande partie à la meil-
leure construction des pompes.

Les pompes employées à l'épuisement des eaux
de mines sont généralement des pompes fou- *Pompes d'épuisement.*
lantes à piston plein (*plunger pumps*). On
n'emploie guères les pompes élévatoires à pistons creux, que dans la partie inférieure du puits
qui est exposée à être submergée; dans ce cas,
la tige du piston qui descend dans l'intérieur du
tuyau ascensionnel est en fer forgé. Ce système
de pompes est décrit dans un mémoire de
M. John Taylor, traduit en français et inséré
dans les *Ann. des Mines*, 3ᵉ. série, t. Iᵉʳ., p. 205.
Nous nous bornerons en conséquence ici à donner quelques détails de construction qui ne se
trouvent pas dans cet endroit.

L'eau est toujours foulée, dans les tuyaux montans des pompes, par le poids de la maîtresse tige
qui est à son tour élevée par le moteur. Quand
ce poids est très supérieur à celui des colonnes
d'eau foulées par les pistons pleins (*plungers*),
on a soin d'en équilibrer une partie au moyen
de balanciers placés à la surface du sol, dans
des excavations latérales au puits, à différens niveaux, ou quelquefois par des colonnes d'eau

renfermées dans des tuyaux verticaux, qui pressent sur un *plunger* adapté à la maîtresse tige (*Voy*. la suite du Mémoire). Deux maîtresses tiges placées dans des puits différens, et liées entre elles par des balanciers et une ligne de tirans, se font quelquefois mutuellement équilibre. Quand au contraire ce poids est trop faible, on l'augmente en plaçant, sur les patins de la maîtresse tige, de gros tuyaux remplis de fonte qu'on lie à celle-ci avec des frettes, ou bien on substitue à quelques pompes foulantes des pompes élevatoires à piston creux, ou enfin on ajuste quelques-uns des *plungers*, de manière qu'ils foulent l'eau, quand la maîtresse tige monte, de la manière indiquée par M. Taylor dans son mémoire (p. 221 et 222 de la traduction française). Au reste, ces dispositions sont rarement nécessaires, le poids de la maîtresse tige, dans les puits profonds, étant généralement plus considérable que cela n'est nécessaire, et devant au contraire être diminué par des contre-poids.

Quand le moteur est une machine à vapeur, elle est placée tout près de l'orifice du puits, et son piston transmet ordinairement le mouvement à la maîtresse tige, au moyen d'un balancier en fonte placé au-dessus du cylindre. La machine étant à simple effet, la pression de la vapeur sur le piston produit l'ascension de la maîtresse tige qui descend ensuite lentement par suite de l'excès du poids qu'elle conserve sur les colonnes d'eau foulées par les *plungers*. Pendant ce temps, le piston de la machine est également pressé par la vapeur sur les deux faces, le dessus et le dessous du cylindre étant en communication entre eux.

Quand le moteur est une roue hydraulique, deux manivelles placées aux extrémités de l'arbre, au delà des paliers, impriment un mouvement alternatif à deux lignes de tirans horizontaux, placés à la surface du sol, et dont chacune est liée, par une croix ou balancier, à une maîtresse tige. Les deux manivelles sont disposées en sens inverse l'une de l'autre, de manière que l'une des tiges descende pendant que l'autre monte, et *vice versá*.

36. Nous rattacherons les détails de construction des machines à vapeur et des pompes, à quelques exemples particuliers que nous avons vus avec soin.

On a établi depuis peu de temps, sur un puits des *consolidated mines*, une machine d'épuisement dont le cylindre a 80 pouces de diamètre intérieur ($2^m.032$). Elle sort des ateliers de *Copper-House-Foundry*, à Hayle, et est une des mieux construites du pays. Je dois à l'obligeance de M. Hocking, ingénieur des *consolidated mines*, le dessin complet de cette machine. {.marginnote}

Machines à vapeur.

Elle a 3 chaudières qui ne fournissent de la vapeur toutes à la fois, que dans le cas où la machine doit marcher avec toute la puissance qu'elle comporte. Chacune de ces chaudières est un cylindre en tôle de fer (*fig.* 5), avec un tube intérieur également en tôle, dans lequel est placée la grille. La longueur commune de la chaudière et du tube est de 36 pieds. Le diamètre de la chaudière est extérieurement de 7 pieds. L'épaisseur de la tôle est de $\frac{7}{16}$ de pouce. La distance du bas du tube, au bas de la chaudière, est de 8 pouces. Le tube a 4 pieds de

diamètre. La grille placée à la partie antérieure
s'étend sur une longueur de 4 pieds; à la partie
postérieure de la grille, un mur en briques ferme
toute la partie du tube inférieur à la grille qui
sert de cendrier, et s'élève au-dessus du niveau de
la grille, jusqu'à une distance de 9 pouces de
l'arête supérieure du cylindre. La flamme et l'air
chaud passent par cet étranglement, parcourent
toute la longueur du tube, reviennent sur le devant de la chaudière, en passant par-dessous celle-
ci dans le conduit C, qui a 4 pieds de large sur
20 pouces de hauteur, s'en retournent ensuite à
la cheminée placée sur le derrière, par les carneaux latéraux *a a*. La partie du tube qui sert
de grille, est tenue fermée par une porte à bas-
cule, que le chauffeur soulève seulement lorsqu'il
doit charger. De cette manière, tout l'air nécessaire à la combustion entre par le cendrier, et traverse la grille. La cheminée unique qui reçoit la
fumée des trois chaudières est une tour conique
qui n'est pas très élevée, mais dont la section est
considérable. Chacune de ces chaudières est munie d'un flotteur indiquant le niveau intérieur de
l'eau, qui doit toujours dépasser de plusieurs
pouces le dôme du tube contenant la grille. Une
soupape de sûreté, construite comme elles le
sont ordinairement dans les machines à haute
pression, et une ouverture pour pénétrer dans la
chaudière lorsqu'il faut la nettoyer, sont placées
sur le dôme.

Comme les chaudières du genre de celle que
nous venons de décrire, sont généralement employées en Angleterre, pour fournir la vapeur aux
machines d'épuisement à simple effet et à haute
pression, nous indiquerons ici quelques modi-

fications et additions que nous avons observées dans d'autres localités.

Le rapprochement du tube intérieur et du fond de la chaudière rendant difficile le nettoyage de celle-ci, surtout quand les eaux laissent un dépôt qui se durcit, on évite cet inconvénient en remplaçant le tube unique de 4 pieds de diamètre par deux tubes parallèles ayant chacun 29 pouces de diamètre intérieur, placés ainsi que l'indique la *figure* 6. La distance *minimum* *a b* entre les deux tubes est de dix pouces. Une porte P, par laquelle peut entrer un homme, est placée à la partie inférieure de la chaudière, ce qui permet de passer au-dessous des tubes, quand elle doit être nettoyée. Chacun des tubes a sur le devant une grille occupant une longueur de 4 pieds. La flamme et l'air chaud provenant des deux foyers se réunissent à la partie postérieure de la chaudière, pour parcourir des carneaux placés comme nous l'avons indiqué précédemment.

Le dôme des tubes qui contiennent les grilles n'étant recouvert que d'une couche d'eau assez peu épaisse, il importe, pour éviter les chances d'explosion, que l'alimentation soit très régulière, et que le chauffeur soit averti aussitôt qu'elle cesse d'être suffisante : c'est pour cela qu'on adapte quelquefois à ces chaudières un second flotteur dont la tige est liée à la clef d'un robinet. Lorsque le niveau de l'eau s'abaisse, le robinet s'ouvre et la vapeur qui s'échappe sort par un bout de tuyau posé sur le dôme de la chaudière, et taillé en tuyau d'orgue. Le bruit qui résulte du passage de la vapeur avertit le chauffeur d'augmenter la quantité d'eau alimentaire.

On pourrait au reste élever le niveau de l'eau dans les chaudières, au-dessus des tubes qui contiennent les foyers, et écarter ainsi le danger de laisser rougir le dôme de ces tubes, par suite d'une alimentation d'eau trop peu abondante, en plaçant au-dessus du dôme des cylindres une capacité ayant la forme d'un segment cylindrique d'un plus grand diamètre, destinée à servir de réservoir de vapeur. Cette capacité devient indispensable pour des chaudières semblables placées sur des bateaux à vapeur, sans quoi certaines parties des tubes contenant le foyer ou servant au passage de l'air chaud, cesseraient d'être couvertes d'eau dans les mouvemens de roulis. Aussi les chaudières des bateaux à vapeur, l'*Écho* et le *Cornubia*, qui sont des cylindres avec des tubes intérieurs, dont les uns servent de foyer et les autres à la circulation de l'air chaud, sont-elles construites de cette manière, et la capacité cylindrique principale de la chaudière est entretenue presque entièrement pleine d'eau.

Le tuyau qui conduit la vapeur aux cylindres entre dans la chaudière sur un des flancs, se recourbe dans son intérieur, et son orifice, par lequel il reçoit la vapeur, vient déboucher dans la capacité dont nous parlons. Il devient ainsi très difficile qu'aucune portion de liquide entre dans ce tuyau avec la vapeur, même lorsque le vaisseau roule le plus. Une disposition semblable est aussi employée pour les chaudières des machines locomotives usitées sur les chemins de fer.

37. Je reviens maintenant à la machine des *consolidated mines*.

Les *fig.* 1 et 2, *Pl. XI*, sont une élévation et un plan de la machine. Elles font voir la disposition du cylindre, du balancier, de la maîtresse tige des pompes, des soupapes, des pompes à air et de la pompe alimentaire.

Explication de la pl. XI

La *fig.* 3 est une section du cylindre et du piston de la machine, par un plan vertical passant par l'axe du cylindre.

La *fig.* 7 est un plan horizontal du cylindre et des soupapes qui règlent l'admission de la vapeur; on a supprimé dans ce plan toutes les autres pièces de la machine, notamment celles qui déterminent le jeu des soupapes.

Les *fig.* 4, 5 et 6 sont des coupes, par des plans inverticaux, des soupapes de la machine. Elles indiquent la forme et les dimensions de ces pièces.

Afin de ne pas trop surcharger les *fig.* 1 et 2, nous n'avons point mis de lettres sur les parties de l'appareil qui n'offrent aucune particularité remarquable. Ainsi on distinguera les pièces du parallélogramme à l'angle duquel est attachée la tige du piston. La poutrelle P, qui règle l'intervalle de l'introduction de la vapeur et le jeu des soupapes, est également attachée à un point qui décrit une ligne verticale. Ces dispositions ne diffèrent en rien de celles généralement connues et adoptées. Le point central de l'axe du balancier, et les points d'attache de la poutrelle P et de la tige du piston sont, dans toutes les positions du système, sur une même ligne droite.

5

Les mêmes lettres désignent d'ailleurs les mêmes objets sur les *fig.* 1 et 2.

On distinguera : *a*. Boîte contenant une soupape dont l'ouverture reste constante pendant le jeu de la machine. Elle porte le nom de *governor valve*, soupape régulatrice; elle est analogue aux soupapes à gorge qui, dans les machines à rotation, sont ordinairement liées à un pendule conique. La coupe de la soupape, contenue dans cette boîte, se voit, *fig.* 5, en *a*. Elle est manœuvrée à la main par le machiniste, qui la soulève plus ou moins, suivant qu'il veut augmenter ou diminuer la vapeur motrice dépensée à chaque coup de piston.

b. Boîte de la soupape d'admission dite *top steam valve*, intermédiaire entre la soupape régulatrice et le haut du cylindre. Cette boîte est en communication avec *a*, ainsi que l'indique la coupe verticale, *fig.* 5, qui montre la forme de la soupape.

c. Boîte de la soupape, dite *equilibrium valve*, soupape d'équilibre. Elle est placée à la partie supérieure d'un tuyau T, qui communique avec le bas, et est elle-même en communication avec le haut du cylindre. Lorsque la soupape qu'elle renferme est ouverte, le haut et le bas du cylindre sont mis en communication par le tuyau T. La *fig.* 4 est une coupe verticale de la boîte, de la soupape d'équilibre et du tuyau T.

E. Boîte de la soupape, dite *exhaustion valve*, soupape d'exhaustion; l'intérieur de cette boîte communique avec le bas du cylindre, et lorsque la soupape est ouverte, le bas du cylindre est mis

en communication avec le condenseur H, par l'intermédiaire du tuyau T₁. La *fig.* 6 est une section verticale de la boîte et de la soupape qui y
est contenue.

R, R. Pompes à air. La machine en a deux,
ainsi qu'on le voit sur le plan, *fig.* 2.

S. Portion de la maîtresse tige des pompes.

s. Tiges des pompes à air.

X. Pompe aspirante et foulante alimentaire.

s'. Tige de cette pompe.

Y. Tuyau aspirateur de la pompe X.

Z, Z. Bouts auxquels on adapte les tuyaux par
lesquels l'eau foulée par le piston est conduite
aux chaudières.

M. Mur antérieur du bâtiment de la machine,
sur lequel est posé l'axe du balancier.

N. Massif de maçonnerie sur lequel le cylindre
est posé, et fixé au moyen de longs boulons en
fer qui traversent tout le massif.

C. Appareil, dit *cataracte*, au moyen duquel
on règle, suivant les besoins, le nombre de coups
de piston, dans un temps donné.

A. Appendice fixé à l'extrémité du balancier,
du côté de la tige du piston. Une traverse en bois
ou en fer, fixée horizontalement à cet appendice,
vient appuyer, quand le piston est tout près du
point le plus bas de la course, sur deux pièces de
bois B, posées sur les poutres, entre lesquelles
passe le balancier. Ces pièces B font ressort, et
préviennent un choc du piston contre le fond du
cylindre. Le machiniste est averti par ce choc

qu'il doit diminuer la quantité de vapeur admise à chaque coup de piston. Quelquefois la traverse horizontale, fixée à l'appendice A, vient ébranler une sonnette avant de toucher les pièces B. Quand cette sonnette n'est pas touchée, le machiniste est prévenu que le piston n'a pas parcouru à la descente toute l'amplitude de sa course.

Détails des soupapes.   Avant d'entreprendre la description détaillée du jeu de la machine et des mécanismes qui ouvrent et ferment les soupapes, il est nécessaire d'indiquer la construction de celles-ci. Il faut pour cela se reporter aux *fig*. 4, 5 et 6.

La soupape régulatrice (*governor valve*), *fig*. 5, est une soupape à coquille ordinaire. Le tuyau à vapeur, venant des chaudières, s'embranche sur l'orifice 1, et pénètre dans la boîte *a* par une ouverture que l'on rend plus ou moins grande, en soulevant plus ou moins la soupape 2. De là la vapeur se répand dans la boîte *b* de la soupape d'admission 3; quand celle-ci est ouverte, elle la traverse et arrive dans le haut du cylindre par l'orifice 4. Un coup d'œil jeté sur les *fig*. 4, 5 et 6, fait voir que les trois soupapes d'*admission*, d'*équilibre* et d'*exhaustion* sont de même forme et ne diffèrent que par leurs dimensions. Il suffira donc d'en décrire une seule, la soupape d'exhaustion, *fig*. 6, par exemple, qui a de plus grandes dimensions que les autres. Les tailles de gravure indiquent, sur la *fig*. 6, les parties de la boîte qui sont coupées. La soupape est entièrement en bronze, sauf la tige *t* qui est en fer forgé. Elle se compose de deux parties, l'une fixe *d*, l'autre *ii*, mobile et liée à la tige *t*. La partie *d* repose par son contour sur un siége poli, exactement rodé, où elle est fixée au moyen d'une traverse inférieure *k*, et de boulons *h*, *h*, terminés par un pas de vis qui s'engage dans un écrou en fer, noyé dans la partie inférieure de la traverse *k*. Elle a la forme d'un cylindre creux, terminé supérieurement par une surface plane, ouvert inférieurement, et dont le contour cylindrique est à *claire-voie*, c'est-à-dire qu'il est formé de petites portions de surfaces cylindriques, séparées par des intervalles vides, d'une étendue plus considérable. Les parties pleines ou *côtes* se lient supérieurement et inférieurement à deux anneaux complets, qui forment le rebord du fond supérieur du cylindre, et le contour par lequel il repose sur son siége. Afin de renforcer les parties pleines de la surface cylindrique, elles sont liées à des cloisons qui viennent converger suivant l'axe du cylindre. Les boulons *h*, *h* sont cachés dans un vide cylindrique pratiqué dans deux de ces cloisons, renflées à cet effet. Il résulte de cette construction que, si la partie mobile était enlevée, la vapeur qui remplit la boîte E passerait librement par les ouvertures de la partie fixe.

La partie mobile *ii* est aussi un solide creux de forme annulaire : elle est ouverte en haut et en bas. Elle tient à la tige *t* par deux traverses en croix, telles que *bb*, qui, ayant beaucoup de hauteur et peu de largeur, laissent un grand passage à la vapeur. Lorsqu'elle n'est pas soulevée, elle repose sur la pièce fixe par deux portions de surfaces coniques *ss*, *s's'*, qui viennent couvrir des surfaces égales, exactement polies, sur les contours supérieur et inférieur de la partie fixe. Entre ces portions de surfaces coniques, dont l'étendue en largeur est très petite, la partie mobile *ii* est renflée, ainsi qu'on le voit clairement par la *fig.* 6, de sorte que son contour intérieur ne touche le contour extérieur de la pièce fixe, que par les deux portions de surfaces coniques *ss*, *s's'*. Cela posé, quand la pièce mobile tombe sur la pièce fixe, et que les surfaces *ss*, *s's'* sont en contact, il est évident que la vapeur qui est en E ne peut traverser la soupape; par conséquent il n'y a point de communication entre le bas du cylindre et le condenseur. Mais si l'on soulève la pièce mobile de manière que les surfaces coniques *ss*, *s's'* se séparent, la vapeur pénètre aussitôt par le haut de la pièce mobile, dans les renflemens de cette pièce, d'où elle s'écoule à travers la surface à *claire-voie* de la partie fixe, tandis qu'elle pénètre directement dans l'intérieur de cette même partie fixe, par les espaces vides que le bas de la pièce mobile *ii* a laissés à découvert en se soulevant.

La tige *t* traverse d'ailleurs le fond supérieur de la boîte E à travers une boîte à étoupes.

L'invention de ces soupapes est due, je crois, à Hornblower, ingénieur très habile du comté du Cornwall. Elles sont exclusivement employées dans les machines nouvelles d'épuisement, et l'expérience a démontré qu'elles étaient beaucoup plus avantageuses que celles employées antérieurement.

La *fig.* 3 fait voir que le cylindre est placé dans une chemise ou cylindre enveloppe; l'intervalle vide est en communication avec la chaudière, et entretenu plein de vapeur à la température de la formation. Les fonds supérieur et inférieur du cylindre sont aussi recouverts par des doubles fonds. La même figure présente une section du piston. Celui-ci est garni avec des tresses de chanvre, comprimées supérieurement à l'aide d'équerres, serrées par des écrous, qui tournent sur des boulons recourbés et arrêtés dans l'épaisseur de la fonte.

38. Revenons aux *fig.* 1 et 2, pour expliquer le jeu de la machine; nous ferons d'abord abstraction de la soupape régulatrice *a*, dont l'ouverture est constante. Jeu de la machine.

La vapeur motrice n'agit sur le piston que pour le faire descendre. Alors il soulève, par l'intermédiaire du balancier, la maîtresse tige des pompes. Pendant ce mouvement, la soupape d'exhaustion E est ouverte, de sorte que le dessous du piston est en communication avec le condenseur. Lorsque le piston doit commencer à descendre, la soupape *b* d'admission de la vapeur s'ouvre par l'action de la cataracte C. Le piston descend; lorsqu'il a parcouru une fraction qui varie de $\frac{1}{2}$ à $\frac{1}{4}$ de sa course, la poutrelle P ferme la soupape d'admission, et le reste de la course s'achève sous la pression décroissante de la vapeur qui se dilate; quand le piston est au bas de sa course, la poutrelle ferme la soupape d'exhaustion E, et ouvre la soupape d'équilibre *c*. Le poids de la maîtresse tige fait remonter le piston qui est également pressé, sur ses deux faces, par la vapeur, en même temps qu'elle foule l'eau dans les tuyaux ascensionnels placés dans le puits. A la fin de l'ascension, la poutrelle P ferme la soupape d'équilibre, et le piston reste en repos jusqu'à ce que la cataracte vienne ouvrir successivement la soupape d'exhaustion et la soupape d'admission. Ainsi, deux coups de piston successifs sont tou-

jours séparés par un intervalle de repos, dont la
durée peut être réglée à volonté au moyen de la
cataracte, ainsi que nous allons le faire voir.

Cataracte.   Dans la *fig.* 1, le piston est au point le plus
élevé de sa course, et toutes les soupapes sont
fermées, excepté la soupape régulatrice *a*. La cataracte C, *fig.* 1 et 2, se compose d'un petit corps
de pompe *p p* placé dans une bâche remplie
d'eau. Dans ce corps joue un piston plein dont
la tige est liée à articulation avec une tringle ou
levier *l*, fixé sur un axe horizontal N N. Au même
axe sont fixés, d'une part, une masse en fer M
placée à l'extrémité d'une barre assez longue, et
que l'on peut d'ailleurs éloigner ou rapprocher
de l'axe; d'autre part, un long levier L qui vient
raser la partie antérieure de la poutrelle P, et
qui est pressé, de haut en bas, par la pièce Q
fixée à cette poutrelle, lorsque celle-ci descend;
enfin un levier *l'*, également fixé à l'axe NN, est
lié à une longue tige verticale en fer forgé qui se
projette verticalement derrière la poutrelle, et
horizontalement sous les pièces *y* et *y'*, de sorte
qu'elle ne peut pas être vue dans le dessin. Cette
tige, guidée dans des coulisses fixées aux pièces de
la machine, soulève en remontant : 1°. la pièce
y (*fig.* 1) qui tourne autour d'un petit axe
horizontal α ; 2°. la pièce *y'* qui tourne autour
d'un petit axe horizontal α'. Lorsque la pièce Q,
dans la descente de la poutrelle, vient presser le
levier L, la tige soutenue par le levier *l'* s'abaisse,
le piston de la cataracte s'élève ainsi que la
masse M. Le piston aspire l'eau de la bâche qui
traverse une valve logée dans le tuyau horizontal adapté à la partie inférieure du corps de
pompe, laquelle valve s'ouvre de dehors en

dedans. Quand la poutrelle se relève, la masse M exerce, par l'intermédiaire du piston de la cataracte, une pression sur l'eau qui s'est introduite. Celle-ci, ne pouvant plus traverser la soupape d'introduction, sort par une ouverture latérale munie d'un robinet que l'on ouvre plus ou moins, suivant qu'on veut que le piston descende avec plus ou moins de rapidité. A mesure que le piston descend, le levier l soulève la tige verticale qui, dans son mouvement ascensionnel, vient soulever d'abord la pièce y et quelques secondes après la pièce y'. C'est au moment où cette dernière est soulevée que la vapeur de la chaudière est introduite sur le piston qui commence alors à descendre. Quelques secondes auparavant, la cataracte, en soulevant la pièce y, avait ouvert la soupape d'exhaustion, et par conséquent occasioné la condensation de la vapeur qui remplissait le cylindre et qui avait servi au précédent coup de piston.

On voit d'après cela que, si l'on veut que les coups de piston de la machine se succèdent sans intervalle de repos, il faudra régler l'ouverture du robinet de la cataracte, de façon que la tige verticale qu'elle fait mouvoir soulève la pièce y immédiatement après que le piston est remonté au haut de sa course. Si au contraire on n'a besoin que d'un petit nombre de coups de piston dans un temps donné, on fermera davantage le robinet de la cataracte, et les intervalles de temps qui séparent deux coups de piston consécutifs seront ainsi réglés à volonté.

Le jeu des soupapes est maintenant facile à expliquer. La tige verticale de la cataracte, en s'élevant, soulève d'abord la pièce y, *fig.* 1; elle

Jeu de soupapes.

décroche ainsi un contre-poids suspendu à la tige τ. L'axe horizontal sur lequel est fixé le manche m, *fig.* 1 et 2, tourne, et la soupape d'exhaustion est soulevée par l'intermédiaire des tringles assemblées à articulation λ_1, λ_2, λ_3 de l'axe ν et du levier φ fixé sur cet axe. La vapeur qui remplit le cylindre est alors condensée, mais le piston ne descend point encore. La tige de la cataracte, continuant à s'élever pendant quelques secondes, vient soulever la pièce γ' et décroche ainsi le contre-poids suspendu à la tige τ'. L'axe horizontal $\mu\mu$, *fig.* 2, sur lequel sont fixées deux pièces de fer recourbées $\sigma\sigma$, *fig.* 1, qui embrassent entre elles deux la poutrelle P, tourne et soulève la soupape d'admission par l'intermédiaire des tringles assemblées à articulation λ'_1, λ'_2, λ'_3, de l'axe horizontal μ' *fig.* 2 et du levier φ'. Alors le piston descend pressé par la vapeur de la chaudière. Remarquons que les pièces $\sigma\sigma$, *fig.* 1, entraînées par l'axe $\mu\mu$, qui a fait un quart de révolution, sont alors dans une position rectangulaire à celle qu'indique la figure; elles embrassent la poutrelle P qui descend en même temps que le piston.

Lorsque celui-ci a parcouru de $\frac{1}{8}$ à $\frac{1}{4}$ de sa course, les tasseaux t, *fig.* 1, fixés des deux côtés de la poutrelle, viennent appuyer sur les pièces $\sigma\sigma$, et ferment la soupape d'admission en relevant le contre-poids suspendu à la tige τ'. On peut remarquer que les pièces $\sigma\sigma$ s'appliquent pendant que la poutrelle descend contre les faces postérieures des longs tasseaux t, de sorte que ceux-ci maintiennent la soupape fermée jusqu'à ce que la pièce Q ait assez abaissé le levier L, pour faire descendre la tige verticale de la cataracte, et permettre ainsi à la pièce γ', qui reposait sur le bout de cette tige, de reprendre la position horizontale qu'elle a dans la *fig.* 1, et d'accrocher le contre-poids au moyen de l'arrêt ou came γ'.

Le piston continue alors à descendre pressé par la vapeur qui se détend. Quand il est près d'arriver au bas de sa course, le tasseau t', fixé à la poutrelle, vient presser le manche m qui est alors relevé, le ramène à la position de la *fig.* 1, ferme la soupape d'exhaustion, et accroche le contre-poids τ à la pièce y par le moyen de l'arrêt ou came γ. En même temps, une came adaptée au même axe que le manche m décroche par un mécanisme qui n'est point représenté dans le dessin, mais qui est analogue à ceux du même genre adaptés aux machines ordinaires, le contre-poids suspendu à l'extrémité de la tige τ''. L'action de ce contre-poids fait tourner l'axe $\mu'' \mu''$ auquel est fixé le manche n. Cet axe, en tournant, soulève, par l'intermédiaire des tringles assemblées à articulation λ''_1, λ''_2, λ''_3, de l'axe horizontal $\nu' \nu'$ et du levier φ'', la soupape d'équilibre. Alors le piston remonte entraîné par le poids de la maîtresse tige. Quand il est près d'arriver au point le plus haut de sa course, le tasseau t'' relève le manche n, le ramène à la position indiquée dans la *fig.* 1 et ferme ainsi la soupape d'équilibre. Le piston demeure au repos dans la position où nos dessins le représentent, toutes les soupapes étant fermées, jusqu'à ce que la tige verticale, soulevée par la cataracte, ouvre de nouveau les soupapes d'exhaustion et ensuite d'admission.

Le machiniste qui, par la cataracte, peut faire varier l'intervalle qui sépare deux coups de piston consécutifs, peut encore, en faisant couler le long

Moyens de régler la dépense de vapeur.

de la tige les tasseaux t, augmenter ou diminuer la partie de la course du piston pendant laquelle la vapeur est admise en plein. La position de ces tasseaux doit être fixée de manière que la pièce transversale, placée au-dessus du balancier, vienne à chaque coup de piston toucher sans choc les pièces élastiques B, ce qui arrive un peu avant que le piston touche le fond du cylindre. Le machiniste peut encore, sans changer la fraction de la course après laquelle la soupape d'admission est fermée, augmenter ou diminuer la dépense de vapeur en ouvrant plus ou moins la soupape régulatrice, ce qui s'exécute facilement au moyen de la tige verticale qu'il fait monter ou descendre à l'aide de vis et d'écrous e, j. Le bout de cette tige soulève le levier k, et par suite la tige f de la soupape a par l'intermédiaire de l'axe horizontal ii et du levier o fixé à cet axe. C'est toujours à l'aide de la soupape régulatrice que le machiniste règle à chaque instant le mouvement de la machine. Il doit être surtout très attentif à ne pas admettre trop de vapeur; car il est arrivé plusieurs fois que le piston, conservant encore une vitesse considérable à la fin de sa course descendante, a brisé par un choc violent le fond du cylindre.

Nous verrons plus tard que la durée de chaque coup de piston, indépendamment de l'intervalle entre deux coups consécutifs, est aussi variable, et que l'on peut proportionner la vitesse du piston à l'affluence des eaux dans la mine. Bien que les planches représentent exactement à l'échelle indiquée les dimensions des pièces de la machine, nous croyons qu'il sera commode et utile au lecteur de retrouver dans les détails qui suivent l'énonciation en chiffres des dimensions les plus essentielles. Toutes les mesures se rapportent au pied et au pouce anglais, ou à la livre avoir du poids.

La pression de la vapeur dans les chaudières n'est point indiquée par un manomètre ; mais on suppose qu'elle est à peu près de $25^{lbs.}$ par pouce carré au-dessus de la pression atmosphérique ; cela correspond à 2 atmosphères $\frac{2}{3}$. (Une atmosphère est représentée par une pression de $15^{lbs.}$ sur une surface d'un pouce carré anglais.) Pour éviter les déperditions de chaleur, la machine est tout entière enveloppée dans un étui ou cylindre-enveloppe en bois, qui laisse entre lui et la chemise en fonte un espace annulaire de 12 pouces d'épaisseur, lequel est entièrement rempli de sciure de bois. Le couvercle du cylindre est également recouvert d'une couche de même matière, et les tuyaux en fonte qui conduisent la vapeur sont aussi renfermés dans des caisses carrées qui en sont remplies. Il résulte de là qu'il y a très peu de chaleur perdue, et la température n'est pas beaucoup plus élevée dans la chambre de la machine qu'elle ne le serait dans un appartement habité.

Pression de la vapeur.

La levée du piston de la machine est de 11 pieds anglais ($3^m.355$). Il est lié à la maîtresse tige par un balancier en fonte pesant 25 tonnes, et dont les deux bras sont de longueur inégale, celui auquel est attaché le piston de la machine ayant 18 pi. 9 po., tandis que l'autre, auquel est suspendue la maîtresse tige, n'a que 14 pieds. Il en résulte que la levée de la maîtresse tige et la course des pistons des pompes n'est que de 8 pi. 2 po. Mesurée directement, elle est de 8 pieds.

Dimensions principales.

Les tuyaux et les soupapes présentent à la vapeur des passages très larges : ainsi le tuyau qui va au condenseur a 2 pieds, et celui qui établit la communication entre le dessus et le dessous du piston, 18 pouces de diamètre intérieur.

Les diamètres des soupapes d'exhaustion et d'équilibre sont respectivement égaux à ceux des tuyaux. Quant à la section de la soupape qui admet la vapeur dans le cylindre, elle est beaucoup moindre, et seulement égale à un cercle de 10 pouces de diamètre. Le passage de la vapeur peut être encore rétréci par la valve régulatrice manœuvrée par le chauffeur.

La construction de ces soupapes est très remarquable, en ce qu'il faut assez peu de force pour les ouvrir, malgré l'inégalité de pression sur les deux faces opposées. Il suffit, en effet, pour soulever le manchon-enveloppe, de vaincre la pression de la vapeur sur une surface annulaire ayant à peu près un pouce d'épaisseur, et dont le diamètre intérieur est celui du passage qui sera ouvert à la vapeur. Ainsi, dans la soupape d'exhaustion, l'anneau sur lequel s'exerce la pression à vaincre n'a que 75 pouces carrés de superficie, tandis que le passage ouvert à la vapeur a 432 pouces carrés. L'ouverture de la soupape d'exhaustion, quelques secondes avant que la vapeur soit admise sur le piston, présente un avantage sur lequel il suffit d'appeler l'attention du lecteur.

Pompes à air.   Les deux pompes à air ont chacune 27 pouces de diamètre au cylindre. La longueur de la course des deux pistons est de 6 pieds. Ils sont creux et construits dans le même genre que les pistons creux des pompes élévatoires des mines. Les valves ne peuvent pas être faites en cuir, qui serait détruit très promptement par l'action de l'eau chaude. Elles sont formées d'une toile à tissu très serré. On coupe dans cette toile des rondelles du diamètre convenable, et on en coud douze ensemble avec de fortes ficelles; dans le centre du disque ainsi composé, on découpe l'ouverture rectangulaire qui laisse passer la tige du piston; on coud les douze doubles de toile tout autour de cette ouverture. On cloue ensuite sur les deux faces de chaque valve des plaques de tôle, de la même manière qu'on le fait sur les valves en cuir des pompes élévatoires. Les garnitures des pistons sont en toile semblable, et ajustées de la même manière que les garnitures en cuir sur les pistons des pompes élévatoires.

Le vide est très bien exécuté par ces pompes à air; car toutes les fois que j'ai visité la machine, j'ai trouvé que le mercure était élevé, dans le tube en verre communiquant par la partie supérieure avec le condenseur, à une hauteur de 28 pouces anglais au-dessus de son niveau dans la cuvette, 30 pouces anglais de mercure représentant une atmosphère, et lorsque la pompe d'exhaustion s'ouvrait, le mercure ne descendait guères qu'à 27 pouces. On peut remarquer que les pistons des pompes à air commencent à s'élever presque aussitôt après l'ouverture de cette soupape. *Vide du condenseur.*

Un compteur, mu par une tringle adaptée en un point du balancier, indique le nombre de coups de piston. *Compteur.*

39. La maîtresse tige, attachée à la seconde extrémité du balancier de la machine, descend dans un puits vertical jusqu'à une profondeur de 235 fathoms, dont 35 sont au-dessus du niveau de la galerie d'écoulement. Au-dessous de celle-ci, la *Pompes d'épuisement.*

ligne de pompes de 200 fathoms de hauteur
est divisée en six colonnes, dont la plus basse
seulement est une pompe élévatoire à piston
creux.

Maîtresse tige. La maîtresse tige, à la partie supérieure du
puits, est formée de deux pièces de bois juxta-
posées, ayant chacune 1 pied carré de section. De
sorte que la section de l'ensemble est un rectangle dont les côtés ont 1 et 2 pieds. La longueur de ces pièces, qui sont en bois de sapin,
parfaitement droites et sans nœuds ni défauts,
choisies ordinairement parmi celles que l'on ap-
porte du Nord pour la mâture des vaisseaux, est
de 50 à 60 pieds. Elles sont liées aux pièces inférieures au moyen de boulons et de fortes barres
de fer, *fig.* 8 et 9, *Pl. XI*: A, A' étant les deux pièces
supérieures, et B, B' les deux inférieures, chacune
d'elles est entaillée à mi-bois sur une hauteur de
2 pieds environ, et elles sont ensuite posées bout
à bout de la manière indiquée dans la *fig.* 8, où
les lignes brisées *abcd*, *a' b' c' d'* représentent les
plans de juxta-position respectifs des pièces A et
B, A' et B'. Deux fortes barres de fer forgé M, N,
ayant de 19 à 20 pieds de long, 1 pouce $\frac{1}{2}$
d'épais et 7 pouces de large, sont appliquées sur
la large face de la maîtresse tige et liées, par de
forts boulons, à deux barres semblables placées
sur la face opposée. Deux autres barres de fer
semblables DD, D'D' sont appliquées sur les deux
faces étroites, et pareillement liées entr'elles par
des boulons à vis et écrou, qui traversent le bois
et passent entre les premiers boulons placés dans
un sens perpendiculaire. Vers la partie inférieure,
les portions de la tige ne sont plus formées que
d'une seule pièce de bois de 13 pouces de côté.

Il y a, dans sa longueur totale, 20 assemblages, 14 pièces doubles et 6 pièces simples.

Cette tige, guidée par des moises placées de distance en distance, est garnie de *patins* qui viendraient reposer sur les moises et soutiendraient les parties de la tige dans le cas où elle viendrait à rompre. Ces patins sont, comme ceux représentés dans la *Pl. IV* du 1er. vol. des *Annales des Mines*, IIIe. *série*, de simples blocs de bois posés sur deux faces opposées de la tige et liées à celles-ci par des frettes en fer. Les patins, quand la maîtresse tige est au bas de sa course, doivent presque venir toucher les moises. Celles-ci sont supportées par plusieurs pièces de bois posées les unes sur les autres, et reposant par leurs extrémités sur le roc solide. Cet ensemble est ainsi susceptible de supporter un choc violent, en cas de rupture de la tige.

Les pistons pleins (*plungers*) (voyez *fig.* 10, Pistons pleins. *Pl. XI*) des pompes foulantes sont formés d'un manchon ou cylindre creux en bronze, ayant une hauteur un peu plus grande que la levée de la maîtresse tige. Ces manchons sont tournés extérieurement, et ramenés sur le tour au diamètre exact qu'ils doivent avoir, et qui est ici de 12 pouces. Le bronze, après cette opération, conserve de $\frac{6}{8}$ à $\frac{7}{8}$ de pouce d'épaisseur. On remplit l'intérieur du cylindre avec l'extrémité d'une pièce de bois, qui a en tout 24 ou 25 pieds de long; pour cela, on arrondit l'extrémité qui doit entrer dans le manchon, sur une hauteur un peu plus grande que la hauteur de celui-ci, et on laisse au reste de la pièce une section rectangulaire. On fait entrer la partie arrondie dans le manchon, où elle est solidement fixée au moyen de coins en bois ou en fer enfoncés dans le bois du côté de l'extrémité *a*. On voit que l'on a ainsi un piston plein en bois, revêtu d'une enveloppe en bronze. On fixe ce piston à la maîtresse tige, de la manière indiquée dans la *Pl. IV*, tom. 1er. de la IIIe. série des *Annales des Mines*. Il faut avoir soin d'interposer entre la face latérale de la maîtresse tige et celle de la tige du piston, un nombre suffisant de pièces de bois pour tenir l'axe du piston à la distance où il doit être pour se confondre avec l'axe du corps de pompe ; on ajuste ensuite d'autres pièces de bois pour donner à l'ensemble une section rectangulaire, et on réunit le tout à la maîtresse tige par des frettes en fer fortement serrées au moyen de coins.

C'est ainsi que sont fixés les pistons des cinq pompes foulantes.

Piston creux.   Quant au piston de la pompe élévatoire qui se trouve au fond du puits, il est lié au bas de la maîtresse tige en bois par une tige en fer qui passe dans l'intérieur des tuyaux de la colonne ascensionnelle. Le piston creux est formé d'un anneau en bronze *ab*, *ab*, ayant de 3 à 4 pouces de hauteur et 1/2 pouce d'épaisseur (*fig.* 11). Une garniture, formée de deux lames de cuir très épais *c,c*, cousues ensemble, entoure cet anneau et le déborde à la partie supérieure sur une hauteur de 1 pouce 1/2. La garniture en cuir s'amincit vers le bas et est serrée contre l'anneau en bronze par un cercle en fer *i,i*, qui a 1 pouce 1/2 de hauteur et va en s'évasant vers le haut. La garniture est maintenue en place, comme dans les pistons du même genre, par une traverse *t* percée suivant un des diamètres de l'anneau, et placée vers le centre d'une ouverture rectangu-

laire pour laisser passer la tige du piston. Le tout
est arrêté par une clavette *m*. Les valves sont en
cuir garni de lames de tôle épaisse sur les deux
faces, et fixées par la tige même, qui a la forme
d'une croix et maintient la partie diamétrale du
cuir des deux valves appliquée contre la traverse
t'. La garniture en cuir est très évasée vers le
haut, et déborde sur une hauteur assez considérable l'anneau *aa bb*, ce qui est très convenable,
parce que, lorsque le piston remonte, la pression
de l'eau supérieure tient le cuir bien appliqué
contre le corps de la pompe. Une garniture semblable, pour un piston de 17 pouces de diamètre,
emploie 3 *lbs.* de cuir et coûte 8 shillings. La
durée est très variable : le plus souvent elle n'excède pas trois semaines et ne va guères au delà
de dix.

Tout l'attirail que nous venons de décrire est Contre-poids.
d'un poids immense, et bien que l'eau soit foulée
par les pistons lorsque la maîtresse tige descend,
il est encore nécessaire de l'équilibrer en partie
par des contre-poids, sans quoi elle descendrait
avec une trop grande vitesse, ce qui occasione-
rait des ruptures dans les parties des pompes ou
de la machine. D'ailleurs, la pression de la vapeur
sur le piston de celle-ci étant uniquement employée à soulever le poids de l'attirail des tiges
qui foule l'eau en retombant, il est évident qu'il
y aura économie de force motrice en ne laissant
aux tiges que le poids strictement nécessaire pour
produire le refoulement de l'eau. Mais à mesure
que l'on diminuera le poids des tiges, le refoulement aura lieu avec plus de lenteur, et l'on aug-
mentera la durée de la descente du piston de la
machine ; il y aura donc une limite qui dépendra

de la vitesse avec laquelle la machine doit travailler pour épuiser toutes les eaux affluentes dans les travaux souterrains. Ainsi, quand on n'aura besoin que d'un petit nombre de coups de piston par minute pour épuiser toutes les eaux affluentes, on ne laissera à la maîtresse tige qu'un faible excès de poids sur celui des colonnes d'eau que doivent soulever les pistons (*plungers*). La maîtresse tige descendra alors avec beaucoup de lenteur. Si l'affluence d'eau exige, au contraire, un plus grand nombre de coups de piston, on laissera plus de poids à la maîtresse tige, en diminuant les contre-poids ; la descente sera plus rapide ; l'eau prendra dans les tuyaux ascensionnels une vitesse plus considérable ; mais aussi chaque coup de piston exigera plus de vapeur motrice ou une plus grande tension de cette vapeur.

La maîtresse tige, dans le puits des *consolidated mines*, est équilibrée de la manière suivante :

1°. Par le poids d'une colonne d'eau ayant pour base un cercle de 19 pouces de diamètre et 30 fathoms de hauteur. Cette colonne d'eau est contenue dans une ligne verticale de tuyaux en fonte, placée entre la surface du sol et le niveau de la galerie d'écoulement. Vers le bas, cette ligne de tuyaux communique par une pièce en H, *etch piece* (*voyez*, pour plus ample explication, le mémoire déjà cité de M. John Taylor. *Ann. des Mines*, 3ᵉ. série, T. I), avec un cylindre vertical dans lequel joue, à travers une boîte à étoupes, un piston plein (*plunger*) attaché à la maîtresse tige, comme celui d'une pompe foulante ordinaire, et ayant 19 pouces de diamètre. Extérieurement cela paraît une nouvelle pompe foulante dont les tuyaux sont au-dessus du niveau de la galerie d'écoulement, si ce n'est qu'il n'y a pas de tuyau aspirateur à la partie inférieure de la colonne.

Intérieurement il n'y a aucune soupape : la ligne de tuyaux étant remplie d'eau par la partie supérieure, cette colonne presse le piston de bas en haut, et tend ainsi à soulever la maîtresse tige. Pendant le jeu de la machine, elle ne fait qu'osciller dans le tuyau, son niveau à la partie supérieure s'abaissant ou s'élevant lorsque la tige monte ou descend. Lorsqu'une partie de l'eau s'est écoulée par suite de fuites à travers les joints, on la remplace en en versant à la partie supérieure de la colonne, ou bien on adapte à celle-ci une cuvette dans laquelle on amène l'eau perdue qui a servi à la condensation dans la machine à vapeur. L'excédant de cette eau sort de la cuvette, sans tomber dans le puits, par un déversoir de superficie. Le poids de la colonne d'eau, qui presse ainsi la maîtresse tige de bas en haut est, d'après les dimensions que nous avons indiquées, égal à celui de 355 pieds cubes anglais d'eau, ou environ 9.940 kilogrammes, soit 10 tonnes en nombres ronds.

2°. Par 3 balanciers à contre-poids placés l'un à la surface du sol, et les deux autres à différens niveaux au-dessous de la galerie d'écoulement dans la profondeur du puits. Ces balanciers sont chargés ensemble d'environ 45 tonnes. Ils sont liés à la maîtresse tige par une de leurs extrémités au moyen de longs tirans en bois de la manière indiquée dans la *fig.* 12 : M est la maîtresse tige, T le tirant lié à la tige M au moyen des frettes en fer *f, f, f.* On interpose une ou plusieurs pièces de bois entre la tige et le tirant pour tenir celui-ci un peu écarté. Il a de 40 à 50 pieds de longueur et est lié par un boulon et un étrier en fer à l'un des bras du balancier, dont l'autre est chargé de contre-poids. Le tirant étant très long, plie suffisamment pour se prêter au jeu du balancier. Les balanciers souterrains sont contenus dans de larges excavations creusées dans le roc solide. La pose de ceux-ci occasionne une dépense assez considérable ; mais en les plaçant ainsi dans la profondeur, on a l'avantage de décharger les portions supérieures de la maîtresse tige du poids des parties inférieures.

Soupapes des pompes. Les soupapes ou valves placées à la partie supérieure du tuyau aspirateur et au bas du tuyau ascensionnel, appelées en anglais *bottom valve* et *top valve*, sont semblables à celles dessinées *Pl.* V du 1er. vol. de la 2me. série des *Annales des Mines*, ou bien ce sont des disques en bronze tournant à charnière autour d'un axe parallèle à un de leurs diamètres, retenu par ses tourillons *a* et *b* dans deux anneaux fixés au siège fixe de la soupape, *fig.* 13. Pour éviter les pertes d'eau, on creuse près du contour du disque mobile, une rainure circulaire d'un demi-pouce de profondeur qu'on remplit avec des lames de cuir très épais saillantes sur la face inférieure du disque. C'est par cette couronne en cuir que le disque se pose sur l'anneau fixe de la soupape.

Afin de pouvoir déplacer facilement les portes des chapelles, lorsqu'on a besoin de visiter les soupapes, on dispose convenablement, soit une potence à poulie, soit une simple poulie. On prend les points d'appui nécessaires sur les brides du corps de pompe, ou bien, quand cela n'est pas praticable, sur la charpente qui porte ces baches, ou sur les parois du puits.

On attache la porte qu'on veut déplacer à une chaîne en fer qui passe sur la poulie. L'autre extrémité de la chaîne est chargée d'un contre-poids qui facilite l'enlèvement et le déplacement de la pièce.

Tous les tuyaux sont en fonte et à brides. Ils ne s'emboîtent point l'un dans l'autre. On inter-pose, entre deux brides contiguës, une rondelle en fer plat que l'on a entourée de 7 ou 8 doubles d'une étoffe en laine à tissu très lâche. Cette étoffe est assujettie au moyen d'un simple fil.

Tuyaux.

Assemblages.

Le joint ainsi préparé est plongé dans du gou-dron liquide, où on le laisse pendant une heure pour que l'étoffe s'en imprègne complétement. Le joint serré fortement entre les deux brides, par les boulons à vis et écrou, prévient toute fuite d'eau. D'après ce qui m'a été dit, ces joints du-rent indéfiniment, sans nécessiter aucune répara-tion. J'ai examiné moi-même avec soin la longue ligne de pompe du puits des *consolidated mines*, et je n'ai vu aucune fuite d'eau sensible par les joints nombreux des tuyaux ascensionnels.

Les eaux des *consolidated mines* étant très acides, détruiraient très rapidement les tuyaux en fonte des pompes, si on ne prenait pas la pré-caution de les doubler intérieurement en bois. Ce doublage se fait au moyen de douves qui ont 3 pouces de large et $\frac{1}{2}$ pouce d'épaisseur. On ap-plique d'abord autant de douves semblables qu'on le peut sur la face intérieure du tuyau. On rem-plit ensuite le vide qui reste au moyen de deux douves taillées en pointe comme A*a*, B*b*, dans

Doublage en bois.

la *fig.* 14. Deux ouvriers sont placés aux deux
bouts du tuyau qu'il s'agit de doubler. L'un place
la douve A*a*, la pointe en avant dans le vide qui
reste entre les douves déjà placées, tandis que
l'autre place la douve B*b* dans le même espace,
de manière que les pointes viennent se dépasser
l'une l'autre. Ils frappent alors avec un maillet,
et tous deux à la fois, sur les têtes A, B des
douves, jusqu'à ce qu'elles refusent de s'enfoncer
davantage. L'ensemble de la doublure se trouve
ainsi assujetti sur la paroi intérieure du tuyau
par ces deux clés qui complètent le revêtement.
Cette opération que j'ai vu faire sous mes yeux
est très prompte et très facile.

L'expérience a d'ailleurs démontré que le revêtement en bois, tel que nous venons de le décrire, s'opposait très efficacement à la destruction
des tuyaux par l'action corrosive des eaux. Quant
au dernier tuyau aspirateur qui plonge directement dans l'eau du puisard, il est nécessaire de
le changer très souvent, et, lorsqu'on le retire, on
trouve que la partie immergée dans l'eau est de-
venue molle, et se laisse couper avec un couteau
aussi facilement que du plomb (1).

Engin.

Pour pouvoir descendre ou remonter des
tuyaux, en cas de rupture ou d'accident, pro-
longer la ligne de pompes, placer une nouvelle
colonne, et en un mot pour les réparations qui
exigent le déplacement ou la mise en place de
pièces d'un poids considérable, un cabestan garni
d'un câble d'une très grande force est placé à une
petite distance du puits.

_____

(1) Le même genre d'altération s'observe dans toutes les
mines où les eaux sont acides et notamment dans quelques houillères du département de la Loire.

Au-dessus de celui-ci est montée une chèvre ou engin qui a 60 pieds de hauteur verticale (*fig.* 15). Elle est formée de deux jambes *aa*, *bb* et d'un chapeau *cc* portant une poulie de renvoi *p*. Les deux jambes de la chèvre sont reliées au bâtiment qui renferme la machine à vapeur, par des arc-boutans en bois placés à la hauteur de l'axe du balancier de celle-ci, c'est-à-dire à 40 pieds environ au-dessus du sol.

Le câble du cabestan traverse une entaille pratiquée au bas de la jambe *bb*, passe sur la gorge de la poulie *p'*, vient ensuite passer sur la poulie supérieure *p* et retombe dans le puits. Le cabestan ou treuil vertical, sur lequel s'enroule le câble, porte 8 ou 10 bras horizontaux, sur chacun desquels cinq ou six hommes peuvent agir facilement. Il repose par le bas, au moyen d'un pivot, sur une crapaudine posée dans un bloc de pierre, qui est lui-même lié à un massif de maçonnerie qui s'étend jusqu'au pied de la chèvre. À la partie supérieure, il porte une aiguille ou tourillon tournant dans une boîte fixée à une pièce de bois horizontale *h*, appuyée contre la jambe *bb* de la chèvre. Le cabestan et l'engin se trouvent ainsi solidaires l'un de l'autre, et forment un système qu'aucune force ne tend à renverser. Des barreaux de bois sont cloués sur le montant *aa* pour permettre à un ouvrier de monter à son sommet quand il faut placer le câble sur la poulie, ou faire toute autre réparation.

40. Voici le résultat observé le jour de ma visite. Les eaux étant peu abondantes dans le puits, la machine marchait avec beaucoup de lenteur. Une seule chaudière fournissait de la vapeur. La tension dans la chaudière surpassait la pression at-

Résultats observés.

mosphérique d'environ 25^{lbs}. par pouce carré. La vapeur n'était admise sur le piston que pendant le premier huitième de sa course; le piston employait 2 secondes $\frac{1}{2}$ à descendre, en soulevant la maîtresse tige et les pistons des pompes foulantes, ce qui donne une vitesse moyenne de $\frac{11}{2\frac{1}{2}} = 4.4$ pieds anglais par seconde.

La maîtresse tige employait ensuite 5 secondes $\frac{1}{2}$ à descendre en foulant l'eau dans les tuyaux ascensionnels. Cela correspond à une vitesse de $\frac{8}{5\frac{1}{2}} = 1.45$ pieds anglais par seconde. (Il ne faut pas perdre de vue que la maîtresse tige n'a pas la même vitesse que celle du piston de la machine, les bras du balancier étant de longueur inégale.) Ainsi la durée complète d'une oscillation du piston était de 8 secondes. A ce taux le nombre de levées par minute ne pourrait pas excéder 7 $\frac{1}{2}$. Si l'on voulait faire travailler la machine plus vite, il faudrait diminuer les contrepoids qui équilibrent la maîtresse tige, afin que celle-ci descendît plus vite : mais alors on serait obligé d'admettre la vapeur pendant une plus grande partie de la course du piston, sans quoi celui-ci ne parcourrait pas la longueur totale du cylindre. On voit ainsi comment une augmentation de vitesse de la machine requiert tout de suite une plus grande dépense de vapeur par coup de piston.

Au reste, loin d'avoir besoin de plus de 7 levées $\frac{1}{3}$ par minute, pour extraire toute l'eau du puits, il n'était pas même nécessaire, à l'époque où j'étais sur les lieux, d'en avoir autant. On laissait donc, entre deux coups de piston consécutifs, un intervalle réglé par le jeu de la cataracte qui était de 3o secondes. Ainsi le piston, arrivé au sommet de sa course, y demeurait immobile pendant une demi-minute, après quoi la tige de la cataracte venant décrocher le contre-poids de la soupape d'admission, une nouvelle course recommençait.

Voici le relevé du travail utile de la machine marchant de la manière que nous venons d'indiquer pendant le commencement de juillet 1833: *Relevé du travail.*

Date.	Houille consommée en bushels dont chacun pèse 84 lbs. ou 38 kil. 086.	Nombre total de levées du piston.	Nombre de levées par minute.	*Duty* ou travail utile exprimé en millions de livres-avoir du poids élevées à un pied de hauteur par busbel de houille brûlée.	Travail utile exprimé en tonnes métriques élevées à un mètre de hauteur pour chaque kil. de houille brûlée.
(N°. 1.)	(N°. 2.)	(N°. 3.)	(N°. 4.)	(N°. 5.)	(N°. 6.)
Juillet.					
1	22	256o	1,77	59,3	215,2
2	22	2462	1,70	57,	206,8
3	23	2437	1,69	54,	195,9
4	22	234o	1,62	54,3	197,0
5 6	6o	6479	1,48	53,7	194,9
7 8	22	2723	1,89	63,1	229,0
9	21 1/2	2461	1,86	58,3	211,5
10	23 1/2	2893	2,	62,7	227,5
11	23 1/2	2856	1,77	55,4	201,0

Les nombres de la 6e. colonne s'obtiennent en multipliant ceux de la 5e. par le nombre 3.6285.

Le nombre de coups de piston est indiqué par le compteur de la machine qui a cinq cadrans. L'aiguille du cadran n°. 1 avance d'une division du limbe pour chaque coup de piston, celle du cadran n°. 2 avance d'une division à chaq éorevu

lution complète de l'aiguille du cadran n°. 1 , celle
du cadran n°. 3 d'une division à chaque révolution complète du cadran n°. 2, etc. , ainsi de
suite.

Quant à la quantité d'eau élevée, on obtient
son volume en multipliant la surface circulaire
de chaque piston par la longueur de la levée qui
est égale à celle de la maîtresse tige exprimée en
pieds , et par le nombre de coups de piston.

Multipliant ensuite le produit relatif à chaque
piston par la hauteur de la colonne à laquelle
il appartient exprimée en pieds , et par le poids
de l'unité de volume d'eau en *livres avoir du
poids*, ajoutant tous ces produits ensemble, on a
le travail total. On obtient le *duty* exprimé dans
la 5ᵉ. colonne en millions de livres avoir du
poids élevées à un pied de hauteur par chaque
bushel de houille , en divisant par le nombre
de bushels et par 1.000.000 la somme des produits. Le résultat ainsi obtenu est donc toujours
trop élevé à cause des pertes d'eau inévitables
dans le jeu des pompes dont on ne tient pas
compte. Il est surtout beaucoup trop élevé dans
le cas où les pompes inférieures , soit par suite du
diamètre trop petit de leurs pistons , soit parce
qu'elles ne sont pas en très bon état ou que l'eau
manque, n'alimentent pas suffisamment les baches dans lesquelles puisent les pompes supérieures.

Mais il n'en était pas ainsi dans la ligne de
pompes sur laquelle nous venons de donner des
détails étendus. Je me suis en effet assuré par
un examen attentif que toutes les pompes étaient
en très bon état, et qu'aucune n'aspirait de l'air.
Les clapets retenaient aussi l'eau très exactement :

car le niveau de l'eau ne s'abaissait pas, dans la colonne ascensionnelle, pendant l'intervalle d'une demi-minute qui séparait deux coups de piston consécutifs. Je ne pense donc pas que le travail de la machine, en eau réellement élevée, soit inférieur de plus de $\frac{1}{6}$ au travail indiqué dans le tableau précédent. Toutefois, j'ai beaucoup regretté de ne pas pouvoir m'assurer, par un jaugeage direct, de l'eau fournie par la pompe supérieure. Mais il m'était impossible de disposer des appareils convenables pour cet objet dans la localité.

41. Les pompes établies dans les autres mines du Cornwall et du Devonshire, ainsi que les machines d'épuisement, sont généralement semblables à celles que nous venons de décrire. Mais il arrive souvent que les pompes sont placées dans des puits inclinés, et alors les tiges portent sur des rouleaux posés sur le mur du puits. Elles s'usent assez rapidement dans la partie qui frotte sur ces rouleaux, et leur entretien occasionne des dépenses très considérables, indépendamment des accidens de rupture, et des soins plus grands qu'exigent les corps de pompe et les pistons inclinés, pour éviter les pertes d'eau. D'autres fois, la même machine imprime le mouvement à deux tiges placées dans des puits assez éloignés l'un de l'autre et réunies au moyen de deux balanciers et d'une longue ligne de tirans en bois, placés à la surface du sol ou dans des galeries souterraines. Nous citerons seulement ici quelques exemples choisis dans les localités que nous avons visitées.

Disposition dans les puits inclinés.

A la mine d'étain de Huel-Vor, la machine de Trelawny, de 80 pouces de diamètre au cylindre, extrait les eaux d'une profondeur de 219 fathoms,

Exemples divers.

dont 194 au-dessous du niveau de la galérie d'é-
coulement. Toutes les eaux venant du fond sont
élevées jusqu'à la surface, où elles sont utilisées
pour le lavage des minerais. Le puits est vertical
jusqu'à 135 fathoms de profondeur au-dessous de
la surface, puis il est creusé dans le filon jusqu'à
219 fathoms. La maîtresse tige, placée dans la
partie verticale, se lie par une équerre ou varlet
à la tige inclinée, portée par des rouleaux placés
sur le mur du puits, et qui s'étend jusqu'au fond
des travaux. Les pompes, dont les pistons sont
attachés aux deux tiges ci-dessus, sont :

1°. Une pompe élévatoire de 14 pouces de diamètre au piston, prenant les eaux du puisard à
219 fathoms, et les élevant dans une bache située au niveau de la galerie d'alongement supérieure, c'est-à-dire à 209 fathoms au-dessous de
la surface.

2°. Une pompe élévatoire de 16 pouces de diamètre, prenant les eaux au niveau de 209 fathoms
et les élevant à 199 fathoms environ.

3°. A ce dernier niveau, une pompe élévatoire
de 16 pouces, et une pompe foulante dont le piston a 9 pouces $\frac{5}{7}$ de diamètre : ces colonnes de
pompes déversent les eaux dans une bache qui
est au niveau de 189 fathoms.

4°. A ce dernier niveau une pompe élévatoire
de 16 pouces et une pompe foulante de 14 pouces qui élèvent les eaux dans une bache située au
niveau de 179 fathoms.

5°. A ce dernier niveau une partie des eaux
provenant des niveaux inférieurs et celles affluentes
au niveau lui-même, sont conduites à une autre
machine d'épuisement, et le piston d'une seule
pompe foulante de 15 pouces de diamètre est

fixée à la maîtresse tige. Ce piston foule les eaux jusque dans une bache placée au niveau de 158 fathoms.

6°. Ici est une nouvelle pompe foulante de 15 pouces de diamètre qui porte les eaux au bas du puits vertical.

7°. Depuis ce point jusqu'à la surface il n'y a plus qu'une ligne de pompes foulantes dont les pistons ont 14 pouces de diamètre. Elles sont, sur cette hauteur de 135 fathoms, au nombre de cinq.

Ainsi, en résumé, les deux parties de la maîtresse tige font jouer les pistons de 13 pompes, dont 4 pompes élévatoires et 9 pompes foulantes à pistons pleins. La portion verticale de la maîtresse tige est en bois de chêne d'Amérique; elle est équilibrée en partie au moyen de 4 balanciers dont un est à la surface du sol et 3 sont placés à différens niveaux dans des excavations pratiquées à cet effet dans les parois du puits.

La levée du piston de la machine est de 10 pieds anglais, la levée de la maîtresse tige est de 7 pieds ½.

Le jour où je l'ai vue fonctionner, la vapeur était admise dans le cylindre pendant le quart de la course du piston de la machine, la durée de la descente était de 2 secondes : il employait 4 secondes à remonter, et il y avait entre deux coups de piston un repos de 4 secondes. Cela revient à 6 levées par minute de la maîtresse tige.

On peut remarquer que le nombre et le diamètre des pompes augmentent à mesure qu'on s'élève des niveaux inférieurs aux niveaux supérieurs dans le filon. Cela vient de ce que chaque galerie de niveau fournit et amène aux baches

une nouvelle quantité d'eau, qu'on retient à ce
niveau, et qui s'ajoute à celle versée dans les baches par la pompe inférieure. Il est très impor-
tant de retenir ainsi les eaux au niveau où elles
sortent du rocher, et de les empêcher, autant
que possible, de retomber dans les niveaux inférieurs.

D'après le relevé mensuel du travail utile des
principales machines à vapeur employées dans
les mines du comté du Cornwall pour le mois de
juin 1833, la machine de Trelawny a marché
avec une vitesse moyenne de 6.09 coups de piston par minute, et le travail utile, exprimé en
millions de livres avoir du poids élevés à un pied
de hauteur pour chaque bushel de houille brûlée,
a été de 62.2. Cela correspond à 225.7 tonnes de
mille kilogrammes élevées à un mètre de hauteur verticale par kilogramme de houille consommée.

La machine qui a donné le plus grand travail
utile dans le même mois de juin, est, d'après le
relevé, une machine placée aussi à Huel-Vor, et
appelée machine de Borlase (*Borlase's engine*).
Celle-ci met en jeu les pistons de 7 pompes seulement, dont 5 ont 14 pouces de diamètre et les
deux autres 16 et 10 pouces. La maîtresse tige est
brisée comme celle du *Trelawny's engine*. Mais la
partie verticale a 160 fathoms de longueur et
la partie inclinée 28 fathoms seulement. 4 balanciers dont un à la surface et trois souterrains
sont liés à la tige verticale et équilibrent une
partie de son poids. Le diamètre du piston de
la machine est de 80 pouces, la longueur de la
course de 10 pieds. La levée des pistons des pompes de 8 pieds. La machine, travaillant à 527.

coups de piston par minute moyennement, a donné un travail utile de 84.7 millions de livres avoir du poids élevés à un pied de hauteur verticale par *bushel* de houille brûlée, ce qui correspond à 307.3 tonnes de 1.000 kilogr. élevées à un mètre de hauteur verticale par kilogramme de houille consommée.

A la mine de Pembroke, près Saint-Austle, la machine à vapeur, dite *Edgecumbe's engine*, fait mouvoir deux tiges verticales placées dans des puits différens. Le premier a son orifice tout près de la machine, de sorte que la maîtresse tige, qui descend au fond de ce puits, est directement attachée au balancier de la machine. L'autre puits est situé à une distance de 310 fathoms du premier, et la maîtresse tige, qui y est placée, est liée à la première par une ligne de tirans en bois posés à la surface du sol, et deux balanciers. A cet effet, chaque tige est liée au bras d'un balancier placé à la surface du sol près de l'orifice des deux puits, et la ligne de tirans est reliée à ses deux extrémités, par de longues bielles, aux poinçons des balanciers. Elle est supportée, de distance en distance, par des tiges en fer de 12 à 15 pieds de long, attachées par leur extrémité supérieure au sommet d'une chèvre formée de trois pièces de bois ou jambes arc-boutées l'une contre l'autre à leur sommet. Le plus souvent ces trois pièces sont réunies ensemble par un simple boulon auquel pend un étrier où est accrochée la tige de suspension. La ligne de tirans en bois est formée de pièces équarries, ayant de 6 à 7 pouces de côté, liées entre elles, en entaillant à mi-bois les extrémités qu'on rapproche, et appliquant sur le joint deux fortes bandes de fer serrées par des

Marginal notes:
Pembroke.

Lignes de tira⋅

boulons à vis qui les traversent. La *fig.* 16 représente cet assemblage : le joint *b* est dans un
plan vertical, il a une longueur de 11 à 12 pouces.
Les deux barres de fer *m n*, *m' n'*, placées sur les
deux faces opposées de la pièce, ont de 8 à 9
pieds de long, 5 pouces de large et ½ pouce d'é-
paisseur. Elles sont maintenues par des boulons
à vis et écrou espacés entre eux de 15 à 16 pouces.
Des coins ou cales en bois enfoncés en *a b*, *a' b'*
entre les extrémités des pièces juxta-posées, établissent entre elles un contact parfait. Comme la
ligne de tirans n'est point horizontale, et qu'elle
incline vers le second puits, ainsi que la surface du
sol, on a équilibré son poids au moyen de 3 balanciers à contre-poids disposés sur la ligne. Chacun d'eux est placé dans une fosse creusée pour le
recevoir. Un de ses bras est chargé de poids, et
la ligne de tirans est liée au poinçon du balancier
par une longue pièce de bois ; indépendamment
de ces contre-poids destinés à relever la ligne de
tirans qui lie les deux tiges, celle qui est attachée
directement au balancier de la machine est rendue plus pesante au moyen de larges cylindres en
fonte remplis de vieux morceaux de fonte cassée,
lesquels sont posés sur les patins supérieurs et liés
à la tige par des frettes en fer.

A cette tige sont attachés les pistons de 6 pompes, dont 5 foulantes et une élévatoire, savoir :

1°. Une pompe élévatoire au fond du puits,
dont le piston a 7 pouces ¼ de diamètre, et qui élève
l'eau à 12 fathoms, et 1 pied de hauteur verticale.

2°. Une pompe foulante ayant 7 pouces ¼ de
diamètre au piston, et élevant encore l'eau à 12
fathoms et 1 pied.

3°. Deux autres pompes foulantes de 9 pouces

de diamètre au piston, élevant ensemble l'eau à 46 fathoms et 3 pieds.

4°. Une pompe foulante de 14 pouces de diamètre au piston, élevant l'eau à 30 fathoms 1 p., et la versant dans la galerie d'écoulement.

5°. Une pompe foulante de 8 pouces de diamètre au piston, élevant à 2 fathoms 3 pieds de hauteur verticale l'eau nécessaire au service de la machine.

Dans l'autre puits, la tige n'a que deux colonnes de pompes foulantes, ayant toutes deux 10 pouces $\frac{1}{2}$ de diamètre au piston, et élevant ensemble l'eau à 25 fathoms de hauteur verticale.

La machine à vapeur a un cylindre travaillant de 40 pouces de diamètre intérieur; la levée de son piston est de 9 pieds, celle des tiges des pompes, de 6 pieds $\frac{1}{2}$. Dans le mois de juin 1833, la machine travaillant avec une vitesse moyenne de 7,86 coups par minute, le travail utile par bushel de houille brûlée a été de 54,8 millions de livres avoir du poids, élevées à un pied de hauteur verticale, ce qui correspond à 198,84 tonnes de 1,000 kilogr. élevées à un mètre de hauteur verticale.

42. Aux mines de cuivre de Huel-Friendship, et de plomb de Huel-Betsey, paroisse de Mary-Tavy, dans le Devonshire, les eaux sont extraites au moyen de grandes roues hydrauliques en dessus placées à la surface du sol. Chaque roue imprime un mouvement alternatif de va-et-vient, à deux lignes de tirans en bois ou en fer, au moyen de deux manivelles adaptées aux extrémités de l'arbre, dans un même plan, mais en sens inverse l'une de l'autre, c'est à-dire à 180°. Ces tirans sont ensuite liés aux tiges des pompes par l'in-

Roues hydrauliques.

termédiaire de balanciers établis près des puits.
Ordinairement le balancier est armé d'un poinçon
auquel est attachée la ligne du tirant. A l'un des
bras est suspendue la maîtresse tige; l'autre bras
est chargé d'un contre-poids. Quand les deux lignes de tirans sont dirigées vers le même puits,
l'une met en jeu une ligne de pompes placée vers
le fond du puits, et l'autre une ligne de pompes
placée dans la partie supérieure. D'autres fois les
lignes de tirans, brisées au moyen de varlets ou
équerres placés à la surface du sol, se dirigent
vers des puits différens. Dans tous les cas, les
deux maîtresses tiges, auxquelles une même roue
imprime le mouvement, s'équilibrent l'une l'autre, et l'on fait en sorte que cet équilibre soit le
plus parfait possible, en disposant convenablement des pompes foulantes ou élévatoires, et adap-
tant à l'une ou à l'autre des tiges des balanciers
à contre-poids. Les roues à augets sont généralement d'un grand diamètre (*voir* le tableau A).
Leur construction n'offre d'ailleurs rien de bien
remarquable. Le plus souvent, l'arbre de la roue est
tout entier recouvert d'une suite de manchons
ou tubes en fonte. La *fig.* 17 représente une
des extrémités de l'arbre. AA est une bague ou
manchon sur la surface duquel sont disposés des
creux destinés à recevoir les extrémités des
bras ou rayons qui sont d'un côté de la roue.
Ces creux sont terminés d'un côté par les brides
annulaires du manchon, de l'autre par des cloisons allant d'une bride à l'autre, et dont le plan
passe par l'axe de l'arbre. BB, manchon qui recouvre le bout de l'arbre, lié par des brides et des
boulons à clavette, d'une part à l'anneau AA,
d'autre part au tourillon à manivelle MM. Les fa-

ces contiguës des brides, des anneaux et des tourillons, ne sont pas seulement juxtà-posées, mais
elles se pénètrent l'une l'autre comme les deux
pièces d'un embrayage à manchons, de la manière indiquée en $x\,y\,z$, $x'\,y'\,z'$.

Les roues ordinaires n'ont que deux systèmes
de rayons disposés vers les deux bords de la couronne. Ces rayons sont au nombre de 18 au plus
de chaque côté. Ce sont des pièces de bois ayant
de 5 à 6 pouces sur 8 à 10 d'équarrissage. Les
joues latérales ou couronnes sont boulonnées
contre ces bras, et le fond des augets est simplement cloué sur les joues.

Pour les roues du plus grand diamètre, les
rayons posés dans un même plan sont réunis entre eux par un cercle complet de secteurs en bois
ou en fer, placé vers le milieu de leur longueur.
Enfin, pour les roues les plus larges, il y a trois
rangs de rayons, deux correspondans aux extrémités, et un au milieu de la couronne de la roue.
La forme des augets n'a rien de remarquable. Les
tirans sont en barres de fer rond ou carré, de 3
pouces de diamètre ou de côté, liées entre elles
par des boulons, et supportées par des rouleaux
ou plutôt des poulies, qui sont espacées entre
elles de 30 à 36 pieds. Dans la partie où elles portent sur les rouleaux, les barres de fer sont ar-
mées d'un morceau de bois plat qui se trouve in-
terposé entre elles et la surface des rouleaux, et
prévient l'usure des unes et des autres.

Le tableau A indique les dimensions des principales roues, la quantité d'eau motrice et le travail utile correspondant.

A). — *TABLEAU* des quantités d'eau dépensée et de
Huel-Friendship et

Noms des roues.	Diamètre de la roue ou hauteur de la chute d'eau en pieds.	Quantité d'eau motrice par minute en pieds cubes.	Travail moteur dépensé en pieds cubes tombant d'un pied de hauteur.	Largeur des roues dans œuvre en pieds.	Nombre de pompes mises en jeu.	Diamètre des pistons en pouces.	Levée des pistons en pieds.	Hauteur des colonnes en pieds.
a	b	c	b×c=d	e	f	g	h	i
Taylor's North Engine à Huel-Friendship ...	50	656,29	32814	6	1 1 1	$14\frac{1}{2}$ 14 11	$7\frac{1}{2}$	138 204 180
Taylor's South Engine, Huel-Betsey ..	40	705.23	28209	5	1 1	16 $15\frac{1}{2}$	6	186 180
New Engine, Huel-Friendship ...	42	680.62	28586	4	1 1 1	$14\frac{1}{2}$ 14 11	6	138 204 180
South Engine, Huel-Friendship ...	32	946.38	30284	8	1 1 1	$14\frac{1}{2}$ 14 11	6	98 216 18
South Engine, Huel-Betsey..	40	582.19	23288	4	1 1 1	16 14 12	$7\frac{1}{3}$	216 54 72
Middle Engine, Huel-Betsey..	40	899.994	36000	4	1	16	$7\frac{1}{3}$	270
North Engine, Huel-Betsey..	40	607.5	24300	4	1 1 1 1 1	16 14 $8\frac{1}{2}$ $14\frac{1}{2}$ 12	$8\frac{1}{3}$ $7\frac{1}{2}$	72 66 60 66 72

travail fait par les roues hydrauliques des mines de
de Huel-Betsey.

Nombre de levées par minute. j	Travail utile en pieds cubes d'eau élevée à un pied de hauteur par minute. k	Rapport du travail utile au travail moteur. $\dfrac{k}{d}=l$	OBSERVATIONS. Toutes les mesures sont des mesures anglaises.
5	18576	0.566	Cette roue est établie à 80 fathoms de l'orifice du puits dans lequel sont placées les pompes qu'elle met en jeu. Ce puits est vertical, sur une profondeur de 100 fathoms, et creusé ensuite suivant l'inclinaison du filon. Les pompes mues par la roue sont placées dans la partie inclinée du puits et élèvent l'eau au bas de la partie verticale. Ainsi il y a entre la roue et les pompes 80 fathoms de tirans horizontaux à la surface, et 100 fathoms de tirans verticaux.
6	17880	0.634	Cette roue est placée à 9 ou 10 fathoms de l'orifice du puits dans lequel agit la première machine, et élève l'eau dans la partie verticale de ce puits jusqu'au niveau de la galerie d'écoulement.
6	17833	0.624	Cette roue est placée près de l'orifice du puits.
7.43	15846	0.523	Cette roue est placée à 250 fathoms de distance des puits et communique le mouvement aux maîtresses tiges, au moyen de deux lignes de tirans de même longueur placés à la surface du sol.
$4\frac{1}{4}$	14492	0.623	
$4\frac{1}{2}$	13011	0.361	Il paraît qu'une quantité notable de l'eau motrice se perdait avant d'arriver sur la roue, et le capitaine des mines, qui m'a donné les renseignemens contenus dans ce tableau, l'estimait à $\frac{1}{6}$ de la totalité.
$4\frac{1}{2}$	11770	0.484	

Le tableau B est le relevé mensuel du travail exécuté par les machines à vapeur du comté du Cornwall, pour le mois de juin 1833.

Un tableau semblable est publié chaque mois par le capitaine Thomas Lean, qui parcourt à cet effet toutes les mines du comté. Il mesure lui-même la levée des tiges, des pompes et les diamètres des pistons. La quantité de houille consommée est indiquée par le régisseur de chaque mine, et le nombre de coups de piston marqué par le compteur adapté aux machines.

Ces relevés mensuels n'indiquent pas la pression de la vapeur dans la chaudière, et la portion de la course du piston pendant laquelle la vapeur est admise dans le cylindre travaillant ; mais ces élémens variables de leur nature n'auraient pu être constatés d'une manière précise, comme ceux qui sont indiqués dans les relevés. Nous avons déjà eu occasion d'observer que l'on estimait la tension de la vapeur dans les chaudières à 25^{lbs}. par pouce carré au-dessus de la pression atmosphérique ; c'est-à-dire à 2 atmosphères $\frac{2}{3}$. Il est très fâcheux que l'on n'ait point fait d'expériences sur la quantité d'eau qui est vaporisée par un poids donné de houille dans les chaudières des machines d'épuisement. Elles auraient pu seules faire connaître le degré de bonté de ces chaudières, et appris pour quelle part elles contribuent au travail réalisé par les machines. Il est néanmoins très probable que leur forme est avantageuse.

Dans le tableau A, la quantité d'eau motrice a été calculée en mesurant la vitesse à la surface, au milieu du courant et sur les bords, prenant la moyenne de ces trois vitesses comme étant la vitesse moyenne à la surface, et les $\frac{9}{10}$ de cette dernière pour la vitesse moyenne dans la section d'eau. Le capitaine régisseur de la mine de Huel-Friendship m'a donné la vitesse moyenne à la surface déduite des observations faites dans l'hiver précédent par lui et une autre personne, ainsi que la section d'eau dans le canal. J'en ai déduit la quantité d'eau motrice en multipliant la section d'eau par les $\frac{9}{10}$ de la vitesse moyenne à la surface.

Quant à la quantité d'eau élevée par les pompes, elle est calculée d'après le volume engendré par la course des pistons. Elle doit donc être diminuée du déchet qui a lieu dans le jeu des pompes.

La vitesse des roues à leur circonférence est de 10 à 13 pieds anglais par seconde. Il est vraisemblable que l'on gagnerait à charger davantage les roues, c'est-à-dire à augmenter un peu le diamètre des pistons, ce qui entraînerait une diminution de vitesse de la roue. Si on ne le fait pas, cela tient aux variations dans la quantité d'eau motrice qui sont considérables suivant les saisons. Lorsque j'étais sur les lieux, en juillet 1833, je n'ai pu faire aucune observation, parce qu'il y avait très peu d'eau, et qu'une partie des pompes étaient décrochées. En définitive, je ne donne les résultats ci-dessus que comme approchés, et comme indiquant, avec un degré considérable de probabilité, que l'établissement de roues hydrauliques analogues aux précédentes, pour l'épuisement des eaux des mines, peut fournir en travail utile la moitié du travail moteur dépensé, lorsque les pompes sont entretenues en fort bon état.

L'on travaillait au reste, au mois de juillet

1833, à établir une machine à vapeur dans le système de celles du comté du Cornwall, pour l'épuisement des eaux à la mine de Huel-Friendship. La houille revient cependant, rendue sur place, à 11 pence $\frac{1}{4}$ le bushel de 84 livres avoir du poids, ce qui correspond à 3 fr. 07 c. les 100 kil. Quant à la mine de plomb de Huel-Betsey, dont on est obligé d'abandonner les niveaux inférieurs pendant l'été, à raison du défaut d'eau motrice, le prix du plomb est aujourd'hui si peu élevé, qu'on ne peut songer à faire une dépense semblable.

Les localités se prêteraient très bien à l'établissement de machines à colonne d'eau, dont la puissance serait bien supérieure à celle des roues hydrauliques actuelles. Je n'ai vu en Angleterre aucune application de ce genre de machines qui sont si fréquentes en Allemagne, et dont une très puissante a été récemment établie aux mines de Huelgoat, par M. l'ingénieur Juncker. J'aurai peut-être l'occasion, dans un autre mémoire, de parler des machines à eau très simples, usitées sur beaucoup de mines de houille du sud du pays de Galles, et qui y sont appelées *water balances*, balances d'eau.

Travail utile des machines à vapeur. 43. Le tableau B ci-contre contient le relevé du travail de 59 machines d'épuisement qui ont extrait ensemble, dans le mois de juin 1833, plus de 15,954 gallons impériaux (72,431 litres) par minute. Toutes ces machines sont à simple effet et à détente; la vapeur n'est admise que pendant le premier quart, et quelquefois pendant le premier huitième seulement de la course du piston. La pression dans la chaudière est habituellement de 2 $\frac{1}{2}$ à 3 atmosphères.

Numéros d'ordre	Mines	Manière de diamètre du cylindre, en pouces anglais	Usages par pouce carré du piston de la machine, en livres avoir du poids	Levée du piston anglais	Nombre de coups	Manière des cylindres ou colonnes et piets	Trompe	Consommation de houille en boisseaux de 84 livres	Nombre total de levées	Levées sur les pistons des pompes en pieds anglais	Charges sur les pistons des pompes en livres avoir du poids	Nombre de livres levées à un pied de hauteur par boisseau de houille	Nombre de livres par boisseau	Travail utile de la machine ou dynamical (mesurekilogr.) élevés à 1 mètre de hauteur par kilogr. de houille consommée	REMARQUES ET NOMS DES INGÉNIEURS
(1)	(2)	(3)	(4)	(5)	(6)	(7)	(8)	(9)	(10)	(11)	(12)	(13)	(14)	(15)	(16)	(17)
1	Consolidated mines.	Maître rogiste, 90 pouces, simple.	9,28	10			Juin et juillet 1	250	289,888	7,8	53808	56,161,804	5,61	198,3	Extrait l'eau verticalement. Un balancier au-dessus du cylindre... Horaaus et Lean.
2	Ditto.	Taylor's engines, 70 pouces, simple.	13,6	10	128	17	Ditto.	3015	245,000	7,8	89762	54,598,132	6,66	231,1	Extrait l'eau verticalement. Balancier au-dessus du cylindre... Horaaus et Lean.
3	Ditto.	Prevu's engine, 80 pouces, simple.	16,5	8			Ditto.	1851	181,010	7,8	58650	58,011,891	6,0	210,9	Extrait l'eau verticalement. Balancier au-dessus du cylindre... Horaaus et Lean.
4	Ditto.	Machine de Watt, 90 pouces, simple.	10,55	10			Ditto.	2680	281,000	7,8	89807	58,543,561	5,91	210,8	Extrait verticalement. Un balancier au-dessus du cylindre... Horaaus et Lean.
5	Ditto.	Machine de Bourbon, 90 pouces, simple.	8,05	10			Ditto.		117,791	7,8 / 6	63681 / 11788		7,3		Extrait verticalement. Un balancier au-dessus du cylindre... Horaaus et Lean.
6	Ditto.	Machine de Sims, 80 pouces, simple.	12,0	9			Ditto.	1910	162,380	7,8	62781	52,315,082	6,18	201,0	Extrait verticalement. Un balancier au-dessus du cylindre... Horaaus et Lean.
7	United mines.	Méridien de l'ordeur, 90 pouces, simple.	10,93	9			Ditto.	3138	270,680	8	78311	60,382,120	5,97	182,7	Extrait verticalement. Balancier au-dessus du cylindre... Horaaus et Lean.
8	Ditto.	Petite machine, 80 pouces, simple.	12,60	9			Ditto.	780	139,770	7,8	11878	48,948,891	6,61	177,1	Extrait verticalement. Balancier au-dessus du cylindre... Horaaus et Lean.
9	Wheal Beauchamp.	Western engine, 76 pouces, simple.	16,89	7,26			Mai 31 et juillet 3	596	196,650	6 / 4,5	19058 / 2109	41,087,966	5,27	185,9	Extrait verticalement deux deux puits, avec un balancier sur le cylindre... Horaaus et Lean.
10	Ditto.	Machine de Bousting, 56 pouces, simple.	5,67	8			Ditto.	506	113,770	6	5286	23,595,613	5,12	126,6	Extrait verticalement. Balancier au-dessus du cylindre... Horaaus et Lean.

N°. d'ordre.	Mines.	Machines.		Levée du piston.	Pompes.			Temps.		Total des levées.	Levier des pistons et pompes.	Charges sur les pistons des pompes.	Nombre de livres ayant dégoulée elles à un pied de hauteur.	Nombre de levées par minute.	Travail utile de la machine en dynamodes.	REMARQUES ET NOMS DES INGÉNIEURS.
		Diamètre du cylindre.	Charge du piston.		Nomb. des volées.	Hauteur des colonnes.	Hauteur des pistons.									
		Lilo.	Pran.		Vol.	Pic.	Inches.									
11	Polgooth	60 pouces, simple.	8,9	9,8	1	80	3	10	Juin 7 et juillet 5.	1186	250,800	7,5	40285	60,127,234	4,7	9,8,4	Extrait verticalement. Balancier au-dessus du cylindre, et un balancier contrôle à la surface. Sims et Pris.
12	Pembroke	Machine de Carthgen, 80 pouces, simple.	10,93	9,8	1	64	6	10	Ditto.	...	56099	...	...	...	...	...	Extrait verticalement. Balancier au-dessus du cylindre, et un balancier contrôle à la surface. Sims et Pris.
13	Ditto. (told mine.)	Machine mineuse, 80 p., simple.	11,4	9	1	89	1	15	Ditto.	824	600,980	7 6	18438 12426	48,728,982	6,14	178,7	Extrait verticalement deux tiers puits. Balancier au-dessus du cylindre et une colonne de trois horizontaux à la surface. Sims et Pris.
14	Ditto.	Machine d'Edgcombe, 60 pouces, simple.	18,19	9	1	90	7	9	Ditto.	804	639,910	6,5 6	28323 5638	51,590,832	5,90	195,9	Extrait vertical dans deux puits, avec un balancier au-dessus du cylindre et deux balanciers de leviers horizontaux liés à 3 contrepoids placés à la surface. Sims et Pris.
15	East Colrein.	Machine d'Hoskens, 70 pouces, simple.	11,18	10,83	1	78	6	18	Ditto.	1181	286,980	7,28	50835	57,082,473	3,8	207,1	Extrait verticalement. Balancier au-dessus du cylindre. Un balancier contrepoids à la surface et deux colonnes équilibrantes de 40 balanciers de 63 pouces de diamètre dans le puits. Sims et Pris.
16	Lanstead and d'owy Consols.	Unionengine, 80 pouces, simple.	9,4	9	1	80	1	8	Ditto.	861	688,900	7	17081	46,712,894	3,8	189,1	Extrait verticalement. Balancier au-dessus du cylindre. Un balancier contrepoids à la surface et 91 balanciers de livres verticaux dans le puits. W. Pramaux et W. West.
17	Ditto.	Machine de Sandy, 61 p., simple.	10,93	8,5	1	49	3	7	Ditto.	518	190,160	5,5	7490	10,681,078	4,0	118,3	Travail verticalement, avec un balancier au-dessus du cylindre. W. Pramaux et W. West.
18	Rocky Bank mine.	30 pouces, simple.	8,9	8,5	1	48	10	8	Juin 6 et juillet 4.	400	201,656	6,8	1187	89,587,811	5,0	138,3	id. id. B. Pramaux.
19	Wheal Leisure.	Machine du Nord, 30 pouces, simple.	17,8	9,85	1	79	4	11	Juin 5 et juillet 3.	...	...	6,95	19811	...	...	...	Extrait verticalement, avec un balancier au-dessus du cylindre et un balancier contrepoids à la surface. B. Pramaux.
20	Ditto.	Mac. du Sud, 60 pouces, simple.	8,80	7,85	1	67	10	18	Ditto.	678	118,880	7,78	2900,3	51,205,603	7,0	189,5	id. id. B. Pramaux.
21	Great St. George.	Mac. du Nord, 60 pouces, simple.	10,31	9	2	68	3	12	Ditto.	1638	220,950	6,5	46083	37,178,980	5,05	139,8	Extrait verticalement. Balancier au-dessus du cylindre et un balancier contrepoids à la surface. B. Pramaux.
22	Ditto.	Mac. du Sud, 60 pouces, simple.	16,7	9	2	67	1	13	Mai 23 et juillet 21.	681	218,000	7,5	38858	41,388,987	2,30	161,1	Extrait verticalement avec un balancier au-dessus du cylindre et un balancier contrepoids à la surface. B. Pramaux.
23	Wheal Vor.	Machine de Fortner, 80 p., simple.	12,08	10	1	98	1	14	Mai 23 et juin 19.	1890	266,680	8	7670	81,179,988	5,27	207,8	Extrait verticalement sur un hauteur de 180 brasses, et le surplus servant une pompe inclinée. Balancier au-dessus du cylindre. Un balancier contrepoids à la surface, 3 dans le feu. Brumaux.

No. d'ordre	Mines	Machines		Levée du piston	Pompes				Toises de profondeur	Total des levées	Levées des pistons et pompes.	Charges sur les pistons des pompes.	Nombre de livres levées à un pied de hauteur.	Nombre de levées par minute.	Travail utile de la machine ou dynamique	REMARQUES ET NOMS DES INGÉNIEURS.
		Diamètre du cylindre.	Charge du piston.		Nombre des pompes	Hauteur des colonnes	Hauteur des pistons	Toises								

N°. d'ordre.	Mines.	Machines.			Pompes.			Temps.	Consommation de houille.	Total des levées.	Levées des pistons et pompes.	Charges sur les pistons et pompes.	Nombre de livres avoir du poids élev. à un pied de hauteur.	Nombre de levées par minute.	Travail utile de la machine en dynamodes.	REMARQUES ET NOMS DES INGÉNIEURS.
		Diamètre du cylindre.	Charge du piston.	Levée du piston.	Nomb. des colon.	Hauteur des colonnes.	Hauteur des pistons.									
35	Ditto.	Machine de Speeris, 70 p. simple.	10,76	10	1 4 1	3o 5 67 5 31 1	8 18 13	Ditto.	2368	3o3,85o	7,5	55,215	53,136,85g	6,8	191,7	Extrait verticalement. Balancier au-dessus du cylindre. Hockins et Lean.
36	Wheal Retalluck.	Machine du Nord, 36 pouces, simple.	16,19	7,84	1 2 1 1	7 o 54 3 21 5 10 5	6 13 10 8	Mai 3o et juin 27.	1911	183,28o	5,75	92,452	23,4o3,822	4,39	84,9	Extrait verticalement sur 47 fathoms et le surplus suivant l'inclinaison. Balancier au-dessus du cylindre, un contre-poids à la surface. Eustis et Fils.
37	Halliamaning.	Machine de Hawkin, 36 pouces, simple.	11,48	8,66	1 1 1 1	10 4 31 4 18 1 10 3	9 13 10 8 ½	Ditto.	851	337,000	6,26	16,812	39,744,53o	8,0	144,1	Extrait verticalement. Un balancier au-dessus du cylindre et un contre-poids à la surface. Eustis et Fils.
38	Wheal Rolnian.	6o pouces, simple.	8,36	9	1 2 1	28 1 70 4 11 4	9 13 11	Ditto.	711	16o,21o	7,5	28,368	47,941,321	3,84	173,8	Extrait verticalement sur 98 fathoms et le surplus suivant l'inclinaison. Balancier au-dessus du cylindre et un contrepoids à la surface.
39	Wh. Unity.	Machine de Woods, 52 pouces, simple.	11,74	6,66	1 2 1 2	38 o 35 o 3o 3 23 3	18 13 3 3 ½	Mai 31 et juillet 2.	2430	351,o8o	5,75 5	24,621 4,758	23,871,238	7,6	93,7	Extrait verticalement dans deux puits. Balancier au-dessus du cylindre. Deux contre-poids et 3o fathoms de tirans horizontaux à la surface, 55 fathoms de tirans horizontaux dans le fond.
40	Ditto.	Machine de West, 6o p., simple.	14,36	7,25	4 1 1	72 o 21 5 3 5	16 16 ½ 13	Ditto.	1912	230,100	5,75	6o,86o	35,195,732	8,0	127,7	Extrait verticalement. Balancier au-dessus du cylindre, un contre-poids à la surface et deux dans le fond. Sims et Fils.
41	Poldice.	Machine de Sims, 9o p., simple.	7,6	10	1 5	4 3 111 o	13 17 ½	Ditto.	4198	356,o2o	7	69,114	41,725,433	7,7	151,3	Extrait verticalement. Un balancier au-dessus du cylindre, un contre-poids à la surface et un autre dans le fond. Sims et Fils.
42	Wh. Damsel.	Machine de Stephen, 5o p., simple.	10,6	9,33	8 1	157 o 11 o	9 6	Juin 5 et juillet 2.	76o	154,77o	7,25	26,821	42,157,759	7,57	133,1	Extrait verticalement sur 4oo fathoms de hauteur et le surplus suivant l'inclinaison. Balancier au-dessus du cylindre, un contre-poids à la surface. Sims et Fils.
43	Wh. Jewell.	3o pouces, simple.	8,28	8,5	1 1	4 5 15 3	10 9 7 ½	Juin 5 et juillet 2.	9o6	8o,000	6	14,004	32,636,679	9,22	118,3	Extrait verticalement. Un balancier au-dessus du cylindre. Sims et Fils.
44	Cardrew-Downs.	66 pouces, simple.	10,68	8,75	2 1 3 2	5o o 4 o 23 3 5o o	7 ½ 10 ½ 16 ½ 16	Mai 3o et juillet 1	2772	432,52o	7	45,71o	49,905,477	9,38	181,1	Extrait verticalement. Balancier au-dessus du cylindre, contre-poids à la surface. Sims et Fils.
45	Dolcoath.	76 pouces, simple.	12	9	4 2 1 1	5o 2 55 o 56 5 15 3 7 o	13 ½ 12 12 13 13	Ditto.	2772	215,4oo	7,5	85,3o6	38,o59,827	4,85	138,2	Extrait verticalement jusqu'à 17o fathoms et le surplus suivant l'inclinaison. Balancier au-dessus du cylindre. 4 balanciers à contre-poids dans le fond et un à la surface. Jeffres.
46	Stray-Park.	6o pouces, simple.	9,1	8	1 3 2 1 2	6 o 72 o 43 o 28 o 3o o	11 ½ 11 ½ 11 9 8	Ditto.	1062	198,83o	5,75	37,36o	38,o83,454	5,27	138,2	Extrait verticalement jusqu'à 17o fathoms, et 24 fathoms suivant l'inclinaison. Balancier au-dessus du cylindre, 3 contre-poids et 79 fathoms de tirans horizontaux dans le fond : un contre-poids à la surface. Jeffres.

N°. d'ordre.	Mines.	Machines.		Levée du cylindre.	Pompes.			Temps.	Consommation de houille.	Total des levées.	Levées des pistons et pompes.	Charges sur les pistons des pompes.	Nombre de livres à avoir élevées à un pied de hauteur.	Nombre de revées par minute.	Travail utile de la machine en dynamodes.	REMARQUES ET NOMS DES INGÉNIEURS.
		Diamètre du cylindre.	Charge du piston.		Nomb. des corps.	Diamètre des pistons.	Hauteur des pistons.									
46	Eau Wheal Crofty	80 pouces, simple.	4,36	10.33				Ditto.								
47	Wh. Tolgus	Machine de Hocry, 70 pouces, simple.	9.4	10				Ditto.								
48	Ditto	Machine du Peyst, simp.	18.44	8				Ditto.								
49	Sisnex Dewan	Machine de Swim, 70 pouces, simple.	10.3	10												
50	Ditto	Machine de Swim, simple.	10.26	9.33				Ditto								
51	Ditto	Machine de Gruper, simple.	16.41	9				Ditto.								
52	Ditto	70 pouces, simple.	11.3	9.66				Ditto.								
53	Wheal Darlington	70 pouces, simple.	7.55	10												
54	Mawrien Mines	Machine de Fowly, simple.	12.1	9				Ditto								
55	Ditto	Machine de Tregurtha, simple.	14.81	5.58				Ditto								

N° d'ordre.	Mines.	Machines.		Levée du piston.	Pompes.				Trempe.	Consommation du houille.	Total des levées	Levées des pistons et pompes.	Charges sur les pistons au pied de hauteur.	Nombre de livres levées du poids élev. à un pied de hauteur.	Nombre de levées par minute.	Travail utile de la machine ou dynamomètre.	REMARQUES ET NOMS DES INGÉNIEURS.
		Diamètre du cylindre.	Charge du piston.		Nombre des colonnes.	Hauteur des colonnes.	Hauteur des pistons.										
57	Ditto.	Machine de Owen-Vean, simple.	16,6	6				Ditto.	1500	486,500	6	18,986	30,658,763	8-17	117.0	
58	St.Ives Cousols.	56 pouces, simple.	16,8	7				Mai 28 et juin 18.	886	812,980	7	17,240	34,000,500	5,28	108,8	
59	Wh. Reeth.	56 pouces, simple.	16.02	7,8				Ditto.	896	115,800		13,958	28,252,721	5.59	109,8	
60	Ballon-Wide.	56 pouces, simple.		7				Mai 17 et juin 16.	175	201,800	6	8,168	40,033,006	7,4	148,1	
61	Levant.	56 pouces, simple.	10,6	4				Ditto.	196	209,170	4	6,704	26,951,108	5,68	97,6	
62	Ding-Dong.	50 pouces, simple.	8,48	6				Ditto.	798	189,290	6	6,950	34,752,116	6,69	108,1	

OBSERVATION.

(1) Quant à la quantité d'eau extraite des mines par les machines à vapeur, il est nécessaire d'observer que quelques-unes des machines tirent l'eau à la galerie d'écoulement au moyen de deux colonnes de pompes; d'autres tirent l'eau dans des galeries inférieures à la galerie d'écoulement, et cette eau est ensuite reprise et élevée à la galerie d'écoulement par une seconde machine. Il y a [...] quelques machines à vapeur qui sont aidées par des machines hydrauliques, auquel cas la quantité d'eau ne peut être constatée d'une manière précise, et en conséquence a été omise.

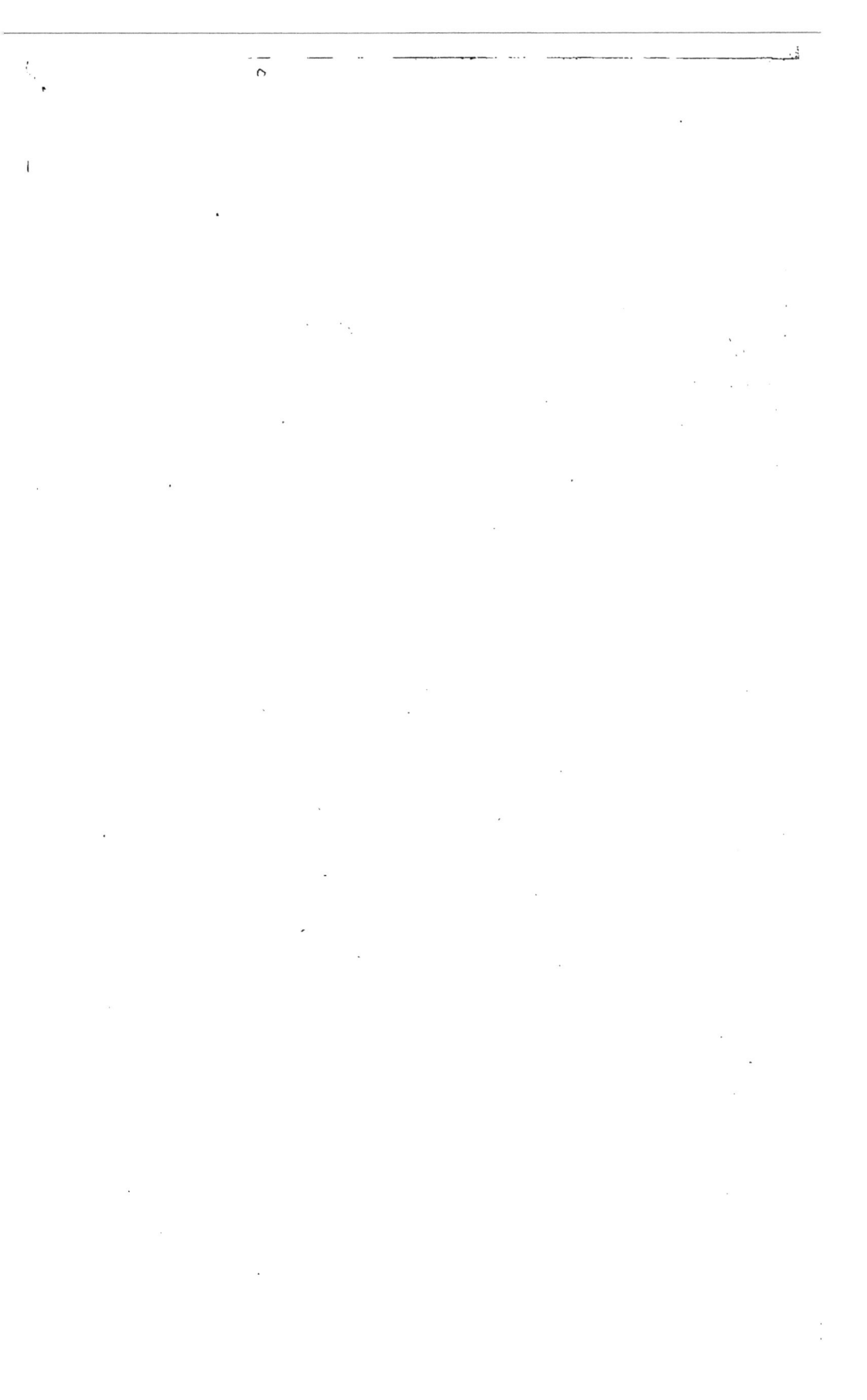

La troisième colonne du tableau exprime la charge en eau sur chaque pouce carré de surface du piston de la machine à vapeur, c'est-à-dire le poids total de la colonne d'eau élevée par les pompes dans chaque oscillation, réduit dans le rapport des longueurs des leviers aux extrémités desquels sont attachés la maîtresse tige et le piston de la machine, et divisé par la surface du piston exprimée en pouces carrés. La douzième colonne indique la charge en eau sur le piston des pompes, ou le poids de la colonne soulevée à chaque oscillation, de sorte que les nombres de la troisième colonne s'obtiennent en divisant ceux de la douzième par la surface du piston de la machine, et multipliant par le rapport de la levée de la maîtresse tige à la levée du piston. La machine qui a donné le travail utile le plus considérable, relativement à la quantité de houille consommée, est celle dite Borlase's engine, placée à Huel-Vor, ayant 80 po. de diamètre et 10 pi. de course au piston ; le travail utile a été de 307,3 tonnes de 1,000 kilogrammes élevées à un mètre de hauteur verticale par kilogramme de houille consommée. Celle qui a fourni le produit le plus faible est la machine de Huel-Retallack, ayant 36 pouces de diamètre et 7,84 pieds de course au piston. Le produit n'a été que de 84,9 tonnes métriques élevées à un mètre par kilogramme de houille consommée. Le produit moyen des 59 machines dont le travail est inséré dans le relevé mensuel est de 166,1 tonnes métriques élevées à un mètre par kilogr. de houille brûlée, ou en mesures anglaises 45,8 millions de livres avoir du poids élevés à un pied anglais par bushel de houille consommée.

Si l'on se reporte au mémoire de M. Taylor,

traduit dans le T. II des *Annales des Mines, III*.
série, on verra qu'en 1830 le produit moyen
de 55 machines d'épuisement fut de 43,3 millions de livres avoir du pois à un pied de hauteur par bushel de houille. Il y aurait donc eu
depuis ce temps une légère augmentation dans
l'effet utile, augmentation qui provient sans aucun doute des machines nouvellement établies, et
qui ont porté le nombre de celles inscrites dans
les tableaux mensuels à 61 au lieu de 52. Le
produit des machines anciennement établies
a plutôt diminué qu'augmenté, ce qui provient,
soit de dégradations dans la machine elle-même,
soit de dérangemens dans les colonnes de pompes
et les charpentes qui les supportent, dérangemens qui auront pu augmenter les frottemens.
Au reste, cette diminution n'est pas aussi considérable qu'on pourrait le croire. La machine
de Wheal-Towan, dite Wilson's Engine, qui a
donné en 1828, 1829 et 1830 un produit supérieur à toutes les autres, et qui s'est élevé à 75, 79
et jusqu'à 80 millions de livres avoir du poids
élevés à un pied de hauteur, n'a donné, il est
vrai, en juin 1833, qu'un produit de 63,8 millions. Mais il paraît que cela tient à des causes pu-
rement accidentelles; car je trouve dans le relevé,
pour le mois de mars 1833, que le produit de la
même machine est de 78,3 millions encore supérieur à son produit moyen pour 1830.

Discussion des relevés mensuels. Les nombres inscrits dans les relevés mensuels
sont exacts, en tout ce qui concerne les dimen-
sions des machines et des pompes, le nombre de
coups de piston et la quantité de houille consommée. Celui qui a vu les lieux, ou même qui
a lu la notice de M. John Taylor, déjà citée,

ne peut pas conserver de doute à ce sujet. Quant au poids de l'eau élevée, il est déterminé par le calcul du volume engendré par l'excursion des pistons des pompes, et non par un jaugeage direct. Ainsi, il est d'autant plus supérieur à la réalité, que les pompes sont moins bien entretenues. Nous ferons observer que le mauvais état des pompes, tout en diminuant l'effet utile, n'a presque aucune influence sur le travail de la machine à vapeur. En effet, les pompes de mines sont presque toujours des pompes foulantes, à piston plein, à l'exception de celle placée au fond du puits qui est élévatoire, à piston creux, et dont la hauteur est très petite. L'eau est foulée dans les tuyaux montans par le poids de la maîtresse tige, et le travail de la machine consiste presque entièrement à élever ce poids, attendu que les tuyaux aspirateurs des diverses colonnes ont une hauteur très faible comparativement à celle des tuyaux ascensionnels. Or, le poids de la maîtresse tige a été réglé dans l'origine, lorsque les pompes étaient en bon état, et demeure le même lorsqu'elles viennent à se détériorer. S'il survient des pertes d'eau considérables, cette maîtresse tige descendra avec plus de vitesse; mais comme il y a toujours un temps de repos, lorsqu'elle arrive au bas de sa course et que la machine n'a point de volant, l'excès de force vive qu'elle conservera à la fin de sa course, sera totalement détruit par les chocs qui auront lieu à cette époque, et ne contribuera en rien à diminuer le travail nécessaire pour la relever de nouveau. Il résulte évidemment des considérations qui précèdent :

1°. Que s'il y a des fuites d'eau dans les pompes,

ou si elles aspirent de l'air, par suite de l'insuffisance d'eau dans les baches où plongent les
tuyaux aspirateurs, le travail moteur de la machine, par coup de piston, ne variera cependant
pas sensiblement;

2° Que des fuites très considérables dans les
pompes, ou l'insuffisance d'eau dans les baches
dans une limite un peu étendue, seraient annon-
cées par l'excès de vitesse que prendrait à la descente la maîtresse tige, et les chocs qui auraient
lieu à la fin de sa course; chocs qui pourraient
occasioner des ruptures très fâcheuses si on ne
se hâtait de les prévenir, soit en réparant les
pompes, soit en diminuant, à l'aide de la cataracte, le nombre de coups de piston dans un
temps donné;

3°. Que dans tous les cas il est indispensable
de réparer les pompes aussitôt qu'elles en ont
besoin. Ensuite on règle, par la cataracte, le
nombre de coups de piston, d'après la masse
d'eaux affluentes dans la mine que les pompes
doivent épuiser, de manière qu'il n'y ait point
insuffisance d'eaux dans les réservoirs des pompes
successives; enfin, on règle aussi le poids de la
maîtresse tige, en augmentant ou diminuant les
contre-poids, suivant que la durée d'un coup de
piston doit être plus ou moins longue. Mais ces
contre-poids demeurent constans tant qu'il n'y
a pas de variations très considérables dans l'affluence des eaux souterraines. Ainsi on les aug-
mentera, par exemple, au commencement de
l'été, pour les diminuer de nouveau au commencement de la saison pluvieuse. On les diminuera
d'une manière permanente lorsque de nouvelles
sources se seront fait jour dans les travaux sou-

terrains et auront augmenté l'affluence d'eaux. Dans aucun cas, au reste, la vitesse moyenne de la maîtresse tige à la descente n'excède celle que nous avons indiquée pour la machine de Trelawny à Huel-Vor; elle est souvent beaucoup moindre, et il est évident qu'on doit faire en sorte qu'elle soit la plus petite possible, eu égard au nombre de coups de piston qui sont nécessaires dans un temps donné.

4°. Que les nombres inscrits dans les colonnes 13 et 15 du tableau B, et indiquant le travail utile de la machine par bushel de houille consommée, lors même que, par suite de fuites d'eau, ou autres dérangemens, ils deviennent très supérieurs au travail utile évalué en eau élevée à une certaine hauteur verticale, n'en expriment pas moins avec exactitude le travail moteur employé à soulever l'attirail des tiges et des pistons des pompes, travail qui demeure toujours constant, malgré les dérangemens accidentels des pompes.

Ces réflexions m'ont paru utiles, parce qu'elles me paraissent expliquer d'une manière précise les circonstances du jeu des machines d'épuisement dont nous nous occupons, et la manière de les conduire, et qu'ensuite elles feront apprécier convenablement les objections faites aux relevés mensuels du capitaine Lean, tirées de ce que les nombres qui y sont portés n'expriment réellement pas le travail utile des machines.

44. Appliquons actuellement à ces machines les notions théoriques, d'après lesquelles on peut évaluer, abstraction faite des résistances passives, le travail moteur développé par la vapeur d'eau, et la quantité de houille correspondante à ce travail.

Travail théorique de la vapeur.

Nous admettrons que la pression de la vapeur dans la chaudière est seulement de 2 $\frac{1}{2}$ atmosphères, bien qu'elle s'élève assez souvent à 2 $\frac{2}{3}$. Cette pression correspond à une température de 128°, 8 centigrades, et à une pression de 2 ^{kil}, 582 par centim. carré, ou 25.820 kilogrammes par mètre carré.

La pression dans le condenseur est, ainsi que nous l'avons vérifié pour la machine des *consolidated mines*, de 2 à 3 pouces anglais de mercure, c'est-à-dire de $\frac{2}{10}$ à $\frac{3}{10}$ d'atmosphère : elle ne s'élève à 3 pouces qu'au moment où la soupape d'exhaustion s'ouvre, et elle redescend aussitôt à 2 pouces, de sorte que nous pouvons admettre qu'elle est seulement de 2 pouces anglais de mercure, ou 2066 kilogr. sur 1 mètre carré, pendant toute la course du piston, qui ne commence qu'un peu après l'ouverture de la soupape. Le cylindre de la machine étant placé dans une enveloppe, et la vapeur de la chaudière ayant un libre accès autour de ce cylindre, il en résulte que la vapeur qui presse le piston est entretenue à une température constante de 128°,8, égale à celle de la formation, pendant toute la durée de la détente. La détente de la vapeur a lieu pendant les $\frac{3}{4}$ au moins, ou au plus pendant les $\frac{7}{8}$ de la course du piston, et, pour chaque machine, dans une étendue d'autant plus grande, que la charge en eau sur chaque pouce carré du piston, indiquée par la colonne 3 du tableau B, est moins considérable. En effet, la pression moyenne de la vapeur sur le piston doit excéder la charge d'eau, et, d'après cela, nous pouvons calculer d'abord si les limites assignées à la détente sont compatibles avec les conditions de l'établissement des machines.

Soit A la surface du piston en mètres carrés, L la longueur de la course en mètres.

Si la vapeur n'est admise que pendant $\frac{1}{8}$ de la course totale, le travail moteur développé par la vapeur admise pendant ce huitième sera évidemment exprimé par :

$$A \times \frac{1}{8} L \times 25820 - A \times \frac{1}{8} L \times 2066 \overset{\text{kil.} \times \text{m.}}{} \qquad (1)$$

(25820 et 2066 expriment en kilogrammes, ainsi que nous l'avons dit, la pression de la vapeur dans la chaudière et la pression du condenseur sur un mètre carré de surface).

Le travail moteur, pendant les $\frac{7}{8}$ restans de la course du piston est, d'après les formules connues,

$$A \int_{z=\frac{1}{8}L}^{z=L} p \, dz \quad - A \times \frac{7}{8} L \times 2066 \overset{\text{kil.} \times \text{m.}}{} \qquad (2)$$

p désignant la pression variable de la vapeur pendant la détente, et z la distance également variable du piston au sommet de sa course.

Or on a, d'après la loi de Mariotte, la température étant entretenue constante :

$$p : 25820 :: \frac{1}{8} L : z$$

d'où

$$p = \frac{1}{z} 25820 \times \frac{1}{8} L$$

portant cette valeur de p dans l'expression (2), et intégrant, cette expression devient :

$$A \times L \times \frac{25820}{8} l. \, 8 - A \times \frac{7}{8} L \times 2066 \overset{\text{kil.} \times \text{m.}}{}$$

8

dans laquelle $l.8$ est un logarithme népérien.

Ajoutant le travail moteur développé par la vapeur pendant le premier huitième de la course, on trouve pour le travail moteur développé pendant une course entière du piston :

$$\text{A L} \left\{ \frac{25820}{8} \times (1 + l.8) - 2066 \right\}^{\text{kil.} \times \text{m.}} \tag{3}$$

Tout calcul fait, le coefficient numérique de AL dans l'expression (3) est égal à $7873,41$ (1).

Or, ce nombre exprime évidemment la pression moyenne de la vapeur en kilogrammes, sur un mètre carré de la surface du piston, pendant la course entière. Cette pression est donc de $0^{\text{kilog.}},7873$ sur 1 centimètre carré, ou de $11,23$ livres avoir du poids sur un pouce carré anglais.

Il faut conclure de ce calcul que, pour toutes les machines inscrites au tableau B, pour lesquelles la charge d'eau sur le piston mentionnée à la 3e. colonne de ce tableau égale ou excède le nombre $11,23$, la vapeur est admise pendant plus d'un huitième de la course du piston, à moins qu'elle ne fût formée à une pression et à une température supérieures à celles que nous avons admises.

Si nous reprenons les mêmes calculs, dans l'hypothèse où la détente aurait lieu seulement pendant les trois derniers quarts de la course du piston, nous trouvons pour le travail moteur, total transmis au piston,

$$(.) \quad \text{A L} \left\{ \frac{25820}{4} \times (1 + l.4) - 2066 \right\}^{\text{kilog.} \times \text{m.}}$$

---

(1) $l.8$ s'obtient en multipliant le logarithme ordinaire de 8 par $2,3026$

et pour la pression moyenne en kilogr. sur un
mètre carré 13337,57, ce qui équivaut à $1^{kilog.}33$
sur 1 centim. carré ou 18,97 livres avoir du poids
sur un pouce carré anglais.

Or, pour toutes les machines inscrites au tableau, hors une seule, dont le travail utile est
beaucoup au-dessous de la moyenne générale, la
charge d'eau est inférieure à cette dernière limite;
pour la plupart d'entr'elles elle en est même
très éloignée. Ainsi, 30 machines sur 59 fournissent un travail utile supérieur au travail moyen
de 166,1 dynamodes par kilogr. de houille. La
charge d'eau sur un pouce carré du piston s'élève
à un peu plus de 16 livres avoir du poids
par pouce carré, pour deux de ces machines; elle
est de 16 livres pour une 3ᵉ., inférieure à 15 livres
pour toutes les autres, et la pression moyenne,
pour l'ensemble, est seulement de 11,32 livres.

La détente de la vapeur, au moins pour les
machines qui fournissent les meilleurs résultats,
doit donc se faire entre les limites que nous
avons indiquées, et pour beaucoup d'entr'elles
la partie de la course du piston, pendant laquelle
la communication du cylindre avec la chaudière
est fermée, s'approche plus des $\frac{2}{8}$ que des $\frac{3}{4}$ de la
course totale.

En conséquence, nous supposerons que la
vapeur est admise pendant $\frac{1}{5}$ de la course totale,
cette fraction étant à peu près moyenne arithmé-
tique entre $\frac{1}{8}$ et $\frac{1}{4}$.

Le travail moteur transmis au piston, pendant
le premier cinquième de sa course, est alors :

$$A \times \frac{1}{5} L \left\{ 25820 - 2066 \right\}^{\text{kil. × m.}}$$

Le travail moteur transmis pendant les quatre derniers cinquièmes est :

$$A \times \frac{1}{5} L \left\{ 25820 \times 1.5 - 4 \times 2066 \right\}^{\text{kil.} \times \text{m.}}$$

En effectuant les calculs numériques, ces deux expressions deviennent respectivement :

$$\frac{AL}{5} \times 23754^{\text{kil.} \times \text{m.}}$$

$$\frac{AL}{5} \times 33292^{\text{kil.} \times \text{m.}}$$

dont la somme est $\frac{AL}{5} \times 57046^{\text{k.} \times \text{m.}}$ La quantité de vapeur dépensée pour obtenir ce travail moteur est égale en volume à $\frac{AL}{5}$: or le poids du mètre cube de vapeur à 100° et sous la pression d'une atmosphère est de $0^{\text{k}},55$;

Sous la pression de deux atmosphères $\frac{1}{2}$, et à la température de 128°,8, un mètre cube de vapeur d'eau pèsera, d'après les lois connues de la dilatation des gaz qui sont aussi applicables aux vapeurs,

$$0,55 \times 2\frac{1}{2} \times \frac{366,67}{266,67 + 128,8} = 1^{\text{k.}},275$$

et un volume $\frac{AL}{5}$ pèsera en conséquence $\frac{AL}{5} \times 1^{\text{k}},275$; d'où il suit que $1^{\text{k}},275$ de vapeur a transmis au piston un travail moteur égal à $57046^{\text{k.} \times \text{m.}}$ et que par conséquent le travail transmis par kilogramme de vapeur dépensée est de 44742 kilog. élevés à un mètre de hauteur verticale.

La quantité de chaleur nécessaire pour obtenir

le travail moteur ci-dessus fixé se compose, 1°. de celle nécessaire pour la vaporisation d'un kilog. d'eau prise à la température existante dans le condenseur que nous supposerons seulement égale à 50°; 2°. de celle nécessaire pour entretenir la vapeur à la température constante de 128°,8 pendant que son volume augmente dans le rapport de 1 à 5, et que sa force élastique passe de 2 ½ atmosphères à ⅛ atmosphère.

Nous admettrons avec M. Clément et la plupart des physiciens que la quantité de chaleur nécessaire pour vaporiser un kilogramme d'eau prise à 0° est constante, et égale à 650 fois celle nécessaire pour échauffer d'un degré centigrade un kilogramme d'eau liquide, quantité que l'on prend pour unité. D'après ce principe, la vaporisation d'un kilogramme d'eau prise à 50° exigera 600 unités de chaleur.

Quant à la chaleur nécessaire pour maintenir la vapeur, pendant la dilatation, à la température primitive de 128°,8, elle n'est pas susceptible d'une détermination exacte dans l'état actuel de nos connaissances physiques.

M. Poisson a déterminé, à l'aide de certaines hypothèses, la quantité de chaleur contenue dans un gramme d'air à une pression et à une température données. Les résultats de son analyse, exposée dans le 2°. vol. du *Traité de mécanique*, p. 637 et suivantes, 2ᵉ édition, sont sensiblement d'accord avec une expérience dans laquelle MM. Laroche et Bérard ont déterminé la quantité de chaleur perdue par un gramme d'air, dont la température s'abaisse d'un certain nombre de degrés, la pression demeurant constante.

En appliquant la même formule à la vapeur

d'eau, M. Poisson arrive à l'expression suivante de la quantité de chaleur contenue dans un kilogramme de vapeur d'eau :

$$q = C + c \left\{ (266,67 + \theta) \left(\frac{0,76}{h} \right)^{1-\frac{1}{\gamma}} - 366,67 \right\}$$

dans laquelle q exprime la quantité de chaleur, C une constante égale à la quantité de chaleur nécessaire pour vaporiser un kilogr. d'eau prise à 0°, sous une pression de 0^m,76 de mercure et à 100° de température, θ la température de la vapeur, h la pression en hauteur de mercure, c la chaleur spécifique de la vapeur d'eau à pression constante, γ le rapport supposé constant entre la chaleur spécifique de la vapeur à pression constante et la chaleur spécifique de la vapeur à volume constant. (Voyez le *Traité de mécanique*, 2e. édition, tom. 2, p. 650 ; voyez aussi *note sur les machines à vapeur*, *Annales des Mines*, Ire. *série*, T. IX, pag. 442 et suivantes.)

La valeur de γ n'ayant point été déterminée par des expériences directes, on peut y suppléer, en observant que si la quantité de chaleur contenue dans un kilogramme de vapeur prise à l'état de saturation, c'est-à-dire à son *maximum* de densité, est constante, quelles que soient la pression et la température, la formule précédente doit donner $q = C = 650$, toutes les fois que l'on y remplace θ et h par la température et la pression correspondantes à l'état de saturation. Or on connaît, par les expériences de MM. Dulong et Arago, les valeurs de θ et de h correspondantes à cet état, depuis la pression d'une atmosphère ou 8^m,76 de mercure, jusqu'à 24 atmosphères ou 18^m,24 de mercure. Ainsi en prenant, dans la table dressée par ces illustres physiciens et insérée dans l'*Annuaire du bureau des longitudes* pour 1830, deux valeurs quelconques de θ et de h correspondantes à l'état de saturation, on doit avoir :

$$(266,67 + \theta)\left(\frac{0,76}{h}\right)^{1-\frac{1}{\gamma}} - 366,67 = 0 \qquad (a)$$

la vapeur à la température de 128°,8 et à son *maximum* de densité, a une tension de $2\frac{1}{2}$ atmosphères ou 1^m,90 de mercure. Portant ces valeurs dans l'équation précédente, on en déduit, tout calcul fait,

$$\gamma = 1,0899$$

en substituant dans l'équation (a) des valeurs différentes de θ et de h, prises dans la table de MM. Dulong et Arago, on trouve des valeurs de γ un peu différentes ; mais les écarts ne sont pas très considérables. Ainsi à la tension de 10 atmosphères, la température de la vapeur prise à son *maximum* de densité est de 181°,6. En posant dans l'équation (a) $\theta = 181°,6$ et $h = 7^m,60$, on en déduit

$$\gamma = 1,1066$$

Nous supposerons, en conséquence, dans la valeur générale de q, $\gamma = 1,09$; si nous remplaçons en même temps dans cette formule C par 650, et c par 0,847, qui, d'après une expérience de MM. Laroche et Bérard, exprime la chaleur spécifique de la vapeur d'eau à pression constante, il vient :

$$q = 650 + 0,847\left\{(266,67+\theta)\left(\frac{0,76}{h}\right)^{1-\frac{1}{1,09}} - 366,67\right\}$$

Si, dans cette formule, nous remplaçons θ par 128°8 température constante de la vapeur pendant qu'elle se dilate, et h par o^m,38 hauteur de mercure, correspondante à la pression d'une demi-atmosphère que conserve la vapeur à la fin de la course du piston, nous trouvons pour la quantité de chaleur contenue dans le kilogramme de vapeur qui a fourni un travail moteur de 44742$^{kil.×m.}$, au moment où la détente a atteint sa limite,

$$q = 65o + 44,14 = 694,14$$

Ceci est la quantité de chaleur à partir de l'eau liquide prise à o°.

Comme la chaudière est alimentée avec de l'eau qui est déjà à la température de 5o°, il en résulte que le foyer ne transmet à l'eau que 644,14 unités de chaleur, dont 6oo sont employées à vaporiser l'eau, et 44,14 à entretenir la température de la vapeur, pendant son expansion. On remarquera que cette quantité de chaleur n'est pas la douzième partie de la première; ce qui fait voir qu'on ne commet pas une erreur grave en la négligeant, comme on le fait habituellement dans le calcul du travail moteur fourni par la vapeur.

Le pouvoir calorifique de la houille de bonne qualité étant au *maximum* de 7o5o unités, il résulte de ce qui précède que la quantité de chaleur, développée par la combustion d'un kilogramme de houille, suffit pour un travail moteur de 48963 1$^{kil.×m.}$, à raison de 644,14 unités de chaleur pour un travail de 44742$^{kil.×m.}$. Mais on sait que toute la chaleur développée par la combustion ne peut être employée à la vaporisation de l'eau contenue dans la chaudière, puisque une partie de cette chaleur est employée à élever la température des gaz produits par la combustion même, ou de l'air non brûlé qui est entraîné dans le courant général qui va du cendrier à la cheminée, et qu'une autre partie se perd à échauffer la chaudière et les corps en contact avec elle.

Il paraît que, dans les appareils les mieux construits, un kilogramme de houille ne peut guères vaporiser plus de 7 kilogrammes d'eau, ce qui revient à admettre que les $\frac{7}{11}$ seulement de la chaleur totale développée par la combustion, sont employés utilement à chauffer l'eau contenue dans la chaudière. Il n'a point été fait d'expériences directes pour déterminer la quantité d'eau évaporée par un kilogramme de houille, dans les chaudières du comté du Cornwall. Mais, avant d'en venir à la forme qui est aujourd'hui généralement usitée, on en a eu d'un autre genre; et les essais multipliés que l'on a faits, les précautions infinies que l'on prend journellement pour parvenir à économiser le combustible dont le prix est assez élevé, ne me laissent guères de doute que la forme actuelle des chaudières ne soit aussi favorable que toute autre à l'économie du combustible.

J'ajouterai encore que les chauffeurs ont soin de charger le combustible par petites portions, de fermer la porte du foyer aussitôt après chaque charge, et conduisent le feu avec beaucoup de précaution. J'admettrai, en conséquence, que la quantité de chaleur utilisée à la vaporisation de l'eau est les $\frac{7}{11}$ de la chaleur totale développée par la combustion, et qu'ainsi chaque kilogramme de houille fournit un travail moteur égal à

$311583^{\text{kil.}\times\text{m.}}$, ou $311,6$ dynamodes. Le travail utilisé étant moyennement, d'après le tableau B, de $166,1$ dynamodes, on voit que le coefficient, par lequel il convient de multiplier le travail théorique pour obtenir le travail réel moyen, est égal à $0,53$.

Il ne faut pas perdre de vue que nous avons supposé la chaleur utilisée au foyer égale aux $\frac{7}{11}$ de la chaleur totale développée par la combustion, tandis qu'on admet ordinairement qu'elle n'en est que la moitié.

Le coefficient de réduction auquel on est conduit serait bien plus élevé que $0,53$, si au lieu de prendre l'ensemble des machines et leur travail utile moyen, on voulait se borner à considérer celles qui produisent les résultats les plus élevés, telles que la machine de Borlase, à Huel-Vor, celle de Wheal-Darlington, etc. Le travail utile de la machine de Borlase est, en effet, presque égal au travail théorique calculé comme nous l'avons fait ci-dessus.

Nous sommes bien convaincus que le coefficient $0,53$ est trop faible pour les meilleures machines du pays. Quant à celles qui fournissent un travail exceptionnel et voisin de 300 dynamodes par kilogramme de houille, il est évident que la vapeur y est formée à une pression supérieure à celle de 2 at. $\frac{1}{2}$, que nous avons prise pour base de nos calculs; la détente a peut-être lieu dans des limites plus étendues, et enfin il est possible que plus des $\frac{7}{11}$ de la chaleur développée par la combustion de la houille soient utilisés pour la vaporisation de l'eau contenue dans les chaudières.

Si l'on suppose la vapeur formée à une tension de 3 atmosphères qui correspond à la température de 135°,1 , et que la détente a lieu pendant les $\frac{2}{8}$ de la course du piston , on trouvera, par la méthode suivie précédemment, que chaque kilogramme de vapeur fournira un travail moteur de $52393^{\text{kil.} \times \text{m.}}$, et emploiera 658,45 unités de chaleur; d'où il suit que les 7050 unités de chaleur produites par la combustion d'un kilogramme de houille suffiront à un travail moteur de $560970^{\text{kil.} \times \text{m.}}$. Prenant les $\frac{2}{8}$ de ce nombre, pour tenir compte de la perte de chaleur qui a lieu au foyer même, on arrive à un travail moteur de $356981^{\text{kil.} \times \text{m.}}$ par kilogramme de houille consommée. Le travail réalisé dans les meilleures machines étant de 300 dynamodes, à très peu près, le coefficient de réduction serait, pour ces machines, égal à 0,84, de sorte que les 0,16 seulement du travail moteur fourni par la vapeur seraient consommés par les frottemens , le jeu des pompes à air et alimentaire, celui des soupapes, et les déperditions de chaleur dans l'espace environnant. Cette dernière cause est réduite, au reste, à fort peu de chose, par la précaution que l'on a d'entourer le cylindre, et toutes les parties qui contiennent de la vapeur, d'une couche épaisse de sciure de bois.

En définitive, l'ensemble de toutes les machines inscrites dans les relevés mensuels consomme $1^{\text{k.}}$,6255 , et les meilleures machines seulement $0^{\text{k.}}$9 de houille par force de cheval et par heure, tandis que les meilleures machines à moyenne pression et à détente, employées sur le continent et même en Angleterre, consomment encore 3 kilogr. de houille par force de cheval et par heure.

Avantages des machines du Cornwall.

Cette économie ne doit pas être seulement

Causes
de l'économie
du
combustible. attribuée aux grandes dimensions des machines, à
leur excellent état d'entretien, et aux précautions
prises pour éviter les déperditions de chaleur, en
entourant les cylindres de corps mauvais conducteurs. Il est évident qu'elle est due aussi en
grande partie au système de soupapes usité, et
à la manière d'en régler le jeu. Les soupapes
ouvertes brusquement par des contre-poids laissent à la vapeur un passage très large; la soupape
d'exhaustion et les tuyaux qui établissent la communication avec le condenseur ont particuliè-
rement des dimensions considérables; comme
d'ailleurs la cataracte ouvre cette soupape d'exhaustion avant la soupape d'admission, il en résulte
que la tension, dans l'intérieur du cylindre, sous
le piston, doit être très sensiblement la même
que dans le condenseur, au moment où la vapeur
motrice est admise. Cet effet n'a pas lieu dans
les machines ordinaires, et des expériences directes, faites en Ecosse, en appliquant un dyna-
momètre à ressort sur le fond de la partie du
cylindre communiquant avec le condenseur, ont
prouvé que la tension s'y maintenait de beaucoup
supérieure à celle du condenseur, lorsque la communication était établie par des soupapes ou des
tuyaux étroits.

La facilité avec laquelle l'ingénieur règle la
détente, par le déplacement des longs tasseaux *t*
fixés à la poutrelle, permet de proportionner
exactement la dépense de vapeur aux résistances
à vaincre. Aussi on remarque qu'il n'y a jamais,
à la fin de la course des pistons, ces chocs et ces
ébranlemens qui sont très sensibles dans les machines ordinaires à simple ou à double effet, employées à mouvoir des pompes. Nous devons

aussi remarquer que le soin de l'entretien des machines n'est jamais abandonné à un simple ouvrier, comme cela a lieu sur nos mines de France. L'*engineer* chargé des machines du Cornwall est un véritable constructeur de machines. Le chauffeur n'agit que sur la soupape régulatrice, et ne règle jamais ni la position des tasseaux, ni les contre-poids de la maîtresse tige ni le jeu de la cataracte.

On remarquera que l'on a conservé, en Cornwall, le cylindre-enveloppe, destiné à contenir une couche de vapeur qui entretient la température de la vapeur motrice pendant la détente. Cette pratique est regardée comme utile par les constructeurs de la contrée, et il m'a été dit que l'addition de ces cylindres-enveloppe avait contribué à augmenter le *duty*, travail utile, de plusieurs millions de livres avoir du poids. Il est certain que la vapeur qui environne le cylindre travaillant prévient la liquéfaction d'une partie de la vapeur motrice, qui sans cela aurait lieu lors de la détente. Or, on conçoit que cette condensation de la vapeur aurait, entre autres inconvéniens, celui de couvrir le piston d'une couche liquide, dont la température serait un peu inférieure à celle de la vapeur fournie par la chaudière. Une partie de celle-ci serait donc condensée en pénétrant dans le cylindre. L'enveloppe épaisse de sciure de bois, mise autour de la chemise en fonte, prévient d'ailleurs le refroidissement de la couche de vapeur destinée à maintenir l'uniformité de température.

Utilité du cylindre-enveloppe.

Quant aux pompes elles-mêmes, nous n'avons presque rien à ajouter aux détails contenus dans le paragraphe 39. Il suffira de faire observer

que les plus grands soins sont apportés à la pose
de toutes leurs parties, qu'on ne redoute aucune
dépense propre à la rendre plus parfaite, et
qu'enfin le système de pompes adopté est le plus
propre à diminuer les frottemens de l'eau dans
les tuyaux ascensionnels. Sous ce rapport, les
pompes élévatoires à piston creux ne peuvent
soutenir la comparaison. L'entretien de ces dernières est aussi beaucoup plus dispendieux, et
les fuites d'eau y sont plus fréquentes que dans
les pompes foulantes du Cornwall.

La nouvelle machine des *consolidated mines*,
représentée, avec tous ses détails, dans la planche XI, peut être considérée comme réunissant tous les perfectionnemens aujourd'hui
connus; elle ne figure pas sur le relevé du travail utile des machines en juin 1833, parce qu'elle
n'avait travaillé pendant cette époque que d'une
manière intermittente. Mais il est très probable
que, lorsqu'elle travaillera régulièrement, l'effet
en sera au moins égal à celui de la machine de
Borlase à Huel-Vor.

Quelques machines ont deux cataractes : l'une
joue le même rôle que celle de la machine des *consolidated mines* que nous avons décrite, c'est-
à-dire qu'elle ouvre les soupapes d'exhaustion et
d'admission. La tige de la seconde cataracte ouvre
la soupape d'équilibre, *equilibrium valve*, un peu
après que le piston est arrivé au point le plus bas
de sa course. Dans ce cas, il y a un temps de repos quand le piston arrive au bas de sa course,
comme quand il est remonté à la partie supérieure, et la poutrelle ne sert qu'à fermer les soupapes. Toutes sont ouvertes par les cataractes
dont le jeu est indépendant de la machine. Je

n'ai pas eu occasion d'étudier des machines semblables à deux cataractes dans le comté du Cornwall; mais j'en ai vu une placée sur la mine
de houille de Mold-Town dans le Flintshire. Je
ne crois pas que cette addition ait offert d'avantage.

Le tableau B se termine par l'état du travail
exécuté par des machines à double effet, faisant
mouvoir des bocards; il est, comme on devait
s'y attendre, très inférieur à celui des machines
d'épuisement.

L'étendue déjà considérable de ce mémoire
nous engage à ajourner à une autre époque quelques détails sur la préparation mécanique des
minerais, et sur les exploitations du Stockverk
de Carclase et des Streamworks de la vallée de
Pentowan.

PARIS. — IMPRIMERIE ET FONDERIE DE FAIN,
rue Racine, n°. 4. Place de l'Odéon.

Élévation de la Machine

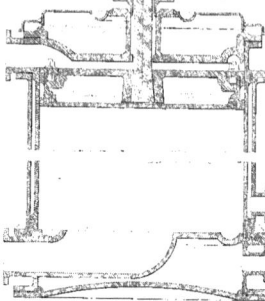

Fig. 3.

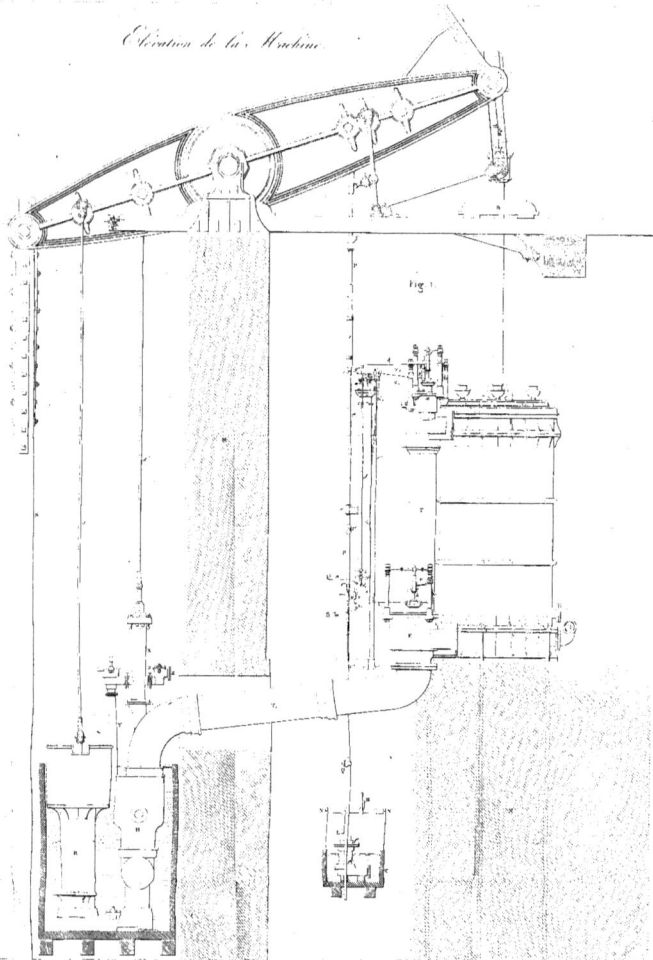

Fig. 1.

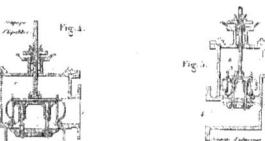

Fig. 4.

Fig. 5.

Plan du Corps de Pompe

Fig. 7.

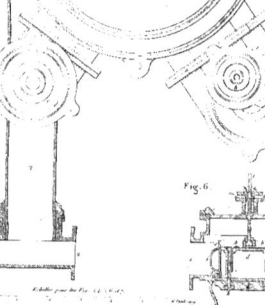

Fig. 6.

Échelle pour les Fig. 3, 4, 5, 6, 7

Détails relatifs aux Pompes, Soupapes, Freins, Roues hydrauliques, &c.

Fig. 8. Fig. 9. Fig. 14. Fig. 16.

Fig. 11. Fig. 12. Fig. 13.

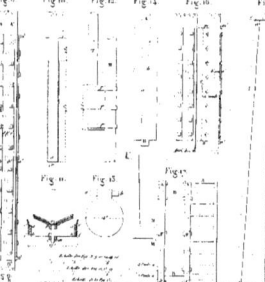

Plan de la Machine

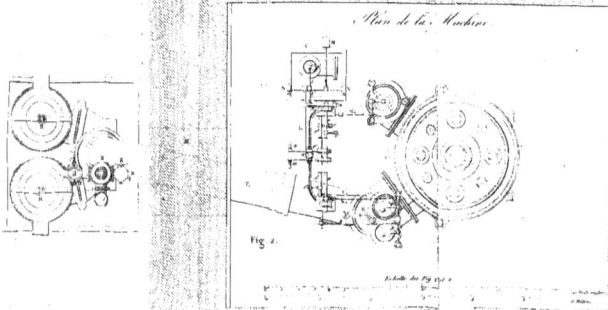

Fig. 2.

Échelle des Fig. 1 et 2

www.ingramcontent.com/pod-product-compliance
Lightning Source LLC
Chambersburg PA
CBHW071913200326
41519CB00016B/4594